Die äußeren Heilmittel
1950-1955

Ergänzung zur dritten Auflage von

Salben · Puder · Externa

Von

Hermann v. Czetsch-Lindenwald

Apotheker, Dr. rer. nat. habil., Wien

und

Friedrich Schmidt-La Baume

a. o. Professor, Dr. med. habil.,
Chefarzt der Hautabteilung des Städtischen Krankenhauses Mannheim

Mit 10 Textabbildungen

Springer-Verlag Berlin Heidelberg GmbH 1956

ISBN 978-3-662-37316-3   ISBN 978-3-662-38053-6 (eBook)
DOI 10.1007/978-3-662-38053-6

Vorwort

In den letzten Jahren hat die Therapie mit äußerlich anwendbaren Heilmitteln eine geradezu stürmische Entwicklung durchgemacht. Die Zahl der Salben- und Pudergrundlagen, der Emulgatoren hat sich vervielfacht. Ganze Gruppen von Arzneimitteln, die man — wie Antibiotica — früher nicht kannte, haben Eingang auch in die externe Therapie gefunden.

Gegenüber dieser Flut von neuen Präparaten ist es sowohl für den Dermatologen und Allgemeinpraktiker, der externe Therapie treibt, als auch für den Apotheker von Wichtigkeit, eine Orientierungsmöglichkeit über den Stand des Wissens und über Wirkung und Möglichkeit der externen Beeinflussung von Krankheitsbildern zu erhalten. Dabei spielt die übersichtliche Anführung der heute zur Verfügung stehenden Salbengrundlagen und der Mittel und Wege zur Erreichung einer günstigen Wirkstoffabgabe in die gesunde und kranke Haut eine große Rolle und ermöglicht erst eine systematisch aufgebaute Hauttherapie.

Die mit diesen Fragen zusammenhängenden Arbeiten und Ergebnisse haben uns veranlaßt, zur 3. Auflage von „Salben, Puder, Externa", die vor 5 Jahren erschien und nach wie vor als Grundlage dient, ein Ergänzungsbändchen herauszugeben. Es soll einerseits als selbständiges Werk einen Überblick über die letzte Zeit geben, andererseits aber das Buch aus den Jahren 1950 wieder auf den neuesten Stand bringen. Es baut also auf diesem Fundament auf und ergänzt die gewonnenen Erkenntnisse dort, wo sich Änderungen ergeben haben.

Die zahlreichen Spezialitäten der letzten Jahre sind, sofern sie von uns praktisch verwendet wurden oder Neues brachten, berücksichtigt. Die Liste kann aber natürlich nicht vollständig sein, sondern nur Typen zeigen.

Wir sind uns bewußt, daß bei der Zusammenarbeit eines Arztes sowie eines Apothekers und Pharmazeuten die einzelnen Fragestellungen von ganz verschiedenem Standpunkt aus besprochen werden und dadurch eine fließende und einheitliche Darstellung sehr schwierig oder nicht immer erreichbar ist. Um trotzdem eine leichte Orientierung zu ermöglichen, wurde soweit möglich bei den einzelnen Themen am Schluß der Abschnitte eine Zusammenfassung gegeben.

Wien
Mannheim
Im Frühsommer 1956

Hermann v. Czetsch-Lindenwald
Friedrich Schmidt-La Baume

Inhaltsverzeichnis

Verzeichnis der wichtigsten pharmazeutischen Fachausdrücke und Abkürzungen

Austriaca IX = Österreich. Arzneibuch 9. Ausg.

BASF = Badische Anilin und Sodafabrik

BP = British Pharmacopoea

Carbogele = Gele auf Kohlenwasserstoffbasis

Carboxygele = aus C und O Verbindungen bestehende Gele

DAB VI = Deutsches Arzneibuch 6. Ausg.

Dehydag = Deutsche Hydrierwerke

DRF = Rezeptsammlung
ex tempore = frisch bereitet

Feuchthalter = Substanz, die wie Glycerin Wasser anzieht und zugesetzt die Salbe
feucht hält

FP = Schmelzpunkt

Gel = Kolloider Zustand

Kolorimetrie = Quantitative Analysenmethode, auf Farbmessungen beruhend

Netzmittel = Oberflächenaktive Substanz, die die Benetzung fördert

NF = National Formeln der USA

PH V = Pharmacopoea Helvetica 5. Ausg.

p_H = Maß für die Wasserstoffionenkonzentration

Stada = Standesgemeinschaft deutscher Apotheker

Suppl. 1. = Supplementband 1 zur PH V.

USP XV = Arzneibuch der USA 15. Ausg.

WZ = Wasserzahl nach Casparis (s. Hauptband)

Weichmacher = plastifizierende Substanz für Kunststoffe

Salbentherapie

Definition und Charakterisierung

Wenn wir heute die letzten Jahre Pharmazie und Medizin vor uns vorüberziehen lassen, so hat sich gerade auf dem zur Sprache stehenden Gebiet sehr viel Neues ergeben. Beginnen wir bei der Begriffsbestimmung.

Das Deutsche Arzneibuch definiert Unguenta = Salben folgendermaßen: ,,Salben sind Arzneimittel zum äußeren Gebrauch, deren Grundmasse in der Regel aus Fett, Öl, Wollfett, Vaselin, Ceresin, Glycerin, Wachs, Harz, Pflastern und ähnlichen Stoffen oder aus deren Mischungen besteht. Sie sind bei Zimmertemperatur von meist butterähnlicher Konsistenz und schmelzen mit Ausnahme der Glycerinsalbe beim Erwärmen.''

Die Definition wird den heutigen Erfordernissen weder bezüglich der Rohstoffe noch der Eigenschaften gerecht. Zopf[1] hat daher einen neuen Vorschlag gebracht: ,,Salben sind halbfeste Zubereitungen zum äußeren Gebrauche, von einer Konsistenz, die ein gutes Aufstreichen auf die Haut ermöglicht. Ihre Zusammensetzung ist derart, daß sie beim Aufbringen auf den Körper nur weich werden, ohne zu schmelzen. Sie dienen als Vehikel zur äußerlichen Anwendung von Arzneistoffen und zum Schutz sowie zum Erweichen der Haut.''

Die Ph. H. V und deren Supplement definieren: ,,Salben sind für cutanen Gebrauch bestimmte Arzneizubereitungen von weicher, butterähnlicher Konsistenz.''

Münzel[2] hat eine noch kürzere und prägnantere Definition ausgedacht. Sie lautet: ,,Salben sind plastische Gele zur cutanen Applikation.'' Sie umfaßt alles, was wir brauchen.

In diesen beiden Definitionen ist die Einschaltung aller neuen Rohstoffe möglich, und die physikalischen Eigenschaften sind so weit geschildert, daß Präparate mit neuen Effekten noch in den Rahmen hineinpassen. Bei der Zopfschen Definition z. B. bei den Polyglycolsalben ist dies nicht der Fall, denn sie lösen sich in der osmotisch herangeführten Gewebeflüssigkeit so, daß auf der Haut keine Salbe sondern eine Flüssigkeit vorliegt.

Münzel[2] schlägt vor, die Charakterisierung der Salben nach ihrem Anwendunggebiet, nach der Konsistenz und der Grundlage vorzunehmen. Nach ihren Anwendungsgebieten teilt Schlumpf[3] die Salben in sechs Gruppen:

1. Decksalben
2. Schutzsalben
3. Kühlsalben
4. Resorptionssalben
5. Kosmetische Salben
6. Penetrationssalben.

---

[1] Zopf: in Lyman Pharmazeutical Compounding and Dispensing, Philadelphia 1949.
[2] Münzel: Pharm. Acta Helvet. 28, 320 (1953).
[3] Schlumpf: Dissert. ETH Zürich 1942.

MÜNZEL versucht auch für Vaseline und für Fette den Gelcharakter zu belegen. Er stellt eine Systematik der Salben auf mit ,,natürlichen Salbengrundlagen", unter denen er neben Vaseline, Paraffin, Schweineschmalz, Adeps lanae auch Kohlenwasserstoff Gele (z. B. Ungt. cetylicum), anorganische und organische Hydrogele, sowie Suspensionshydrogele anführt. Unter ,,synthetischen Salbengrundlagen" werden Carbowaxe und Silicongele erwähnt. Die Unterscheidung erfolgt also in einer Gruppe mit natürlichen und Kunststoff-Salbengrundlagen, ferner nach der chemischen Zusammensetzung und nach der Art des Disperssystems. Wir wollen dies im Folgenden näher ausführen:

A. Carbogele:

1. Von Natur aus konsistente Carbogele   *Beispiel:*

    a) Kohlenwasserstoffe (Kohlenstoffketten   Vaselinum
    oder -ringe ohne hydrophile Gruppen)

    b) Glycerid Fette (Kohlenstoffketten oder   Adeps suillus
    -ringe mit hydrophilen Gruppen):   Oleum Arachidis
    -COOH Fettsäure   hydrogenatum
    -OH   alkoholische Gruppe
    -COOR Ester

2. Durch Zusammenschmelzen von einem festen Paraffin (Emplastrum) *und einem flüssigen* (vegetabilisches Öl, flüssiges Paraffin) *Anteil entstandene Carbogele.* (Wachs, Kunstvaselin (z. B. 20% Paraff. solid, 80% Paraff. liqu.); Ungt. cereum (30% Cera alba, 70% Ol. Olivae).

3. Emulsionscarbogele, ,,Absorption bases". Die Emulsionscarbogele enthalten Wa/Öl-Emulgatoren (z. B. Alcohol cetylicus, Adeps Lanae, Cholesterin, partielle oleophile Fettsäureester, aliphatische Alkohole), dies befähigt sie, mit Wasser Wa/Öl-Emulsionen zu bilden. Gelagert werden die Emulsionscarbogele meist noch *ohne* den Wasserzusatz.

    ohne Wasserzusatz:
    Adeps Lanae
    Ungt. cetylic.

    fertige Wa/Öl-
    Carbogele
    Lanolinum
    Ungt. refrigerans
    Suppl. I

B. Hydrogele (oleophob, hydrophil); Gele, die durch Quellung mit Wasser entstanden sind.

    Ungt. cetylic. c. aq.

1. Einphasige Hydrogele
    a) Anorganische Hydrogele

    Magma Bentoniti
    USP.

b) Organische Hydrogele, ,,Schleimsalben''   Gelatinegel
aus eiweißähnlichen Stoffen, aus Kohlen-   Mucilago Tragacan-
hydraten   thae
    Ungt. Glycerini

aus Seifen   Opodeldoc (Lin. sapo-
    natocamphorat.)

2. *Emulsionshydrogele, ,,Washable ointment*   Ungt. hydrophilicum
Bases''. Die Emulsionshydrogelgrundlagen   USP.
(Öl/Wa-Systeme) enthalten noch eine dis-
perse Ölphase (Carbogel). Obwohl die ein-
phasigen Hydrogele an und für sich schwach
emulgierende Eigenschaften haben (Quasi-
Emulgatoren), so muß doch meist noch ein
wirksamerer Emulgator zugesetzt werden
(anion- oder kationaktive Netzmittel, nicht
ionogene Netzmittel, durch Netzmittel hy-
dratisierbare Fettalkohole oder partielle
Fettsäureester mehrwertiger Alkohole).
Auch die Emulsionshydrogele können ohne   Lanettewachs
das leicht verdunstende Wasser gelagert   Tegin
werden (,,*self emulsifying waxes*'' aus Fettphase + Emulgator); bei Bedarf wird dann
durch Wasserzusatz das Emulsionshydrogel
gebildet.

C. Carboxygele (wasserlösliche Grundlagen,   Polyäthylenoxydsalben
zum Teil mit Carbogelen mischbar).   Hydriertes Türkisch-
    Rotöl

Wir selbst möchten eine einfachere Einteilung, die von jedem Arzt und
Apotheker verstanden wird, prägen:

1. Silicone	4. Wa/Öl-Emulsionen
2. Paraffine	5. Öl/Wa-Emulsionen
3. Fette, Wachse	6. Schleime
7. Polyäthylenoxyde	

Rohstoffe

Fette

In den letzten Jahren sind nur wenig neue Glyceride in die Salbentherapie aufgenommen worden. Das Interesse sank bedeutend ab, man
hat vorwiegend die Vorteile, die sich aus der Fettchemie ergaben, auch
hier nutzbringend angewendet. Insbesondere trifft dies für die neuen
Antioxydantien zu. Das alte Adeps suillus benzoatus wird wohl kaum
wiedererstehen, denn die Fettchemie hat die verschiedensten, wesentlich
wirksameren Stoffe zur Haltbarmachung von Fetten ausgearbeitet.

KRING[1] prüfte die Einsatzfähigkeit der Gallussäureester in den pharmazeutisch bekannten Fetten und stellte fest, daß diesen, insbesondere den Äthyl- und Propylestern, eine deutliche stabilisierende Wirkung zukommt.

Die Industrie hat hiervon bereits die Nutzanwendung gezogen. POLANO[2] beschrieb in seinem Buch ein modernisiertes Oleum arachidis hydrogenatum, *Vasadeps* der Unilever. Es enthält Octylgallat als Mittel gegen die Ranzidität, sowie einen Emulgator, der 100 % Wasseraufnahme gewährleistet und die Unterbringung von 50—60 % mühelos durchführen läßt.

In Veröffentlichungen aus der Wiener Kinderklinik wurde Frauenmilchfett als Salbengrundlage zur Behandlung von Ekzemen der Säuglinge empfohlen.

Wir haben uns durch Vermittlung derselben Klinik mit diesem Problem eingehend beschäftigt und festgestellt, daß Frauenmilchfett etwa die Konstanten (FP 33°) (WZ 50) des Butterschmalzes besitzt und im Modellversuch an Gelatineplatten, an Wasser und an die Haut dieselbe Abgabefreudigkeit besitzt wie dieses. Irgend ein besonderer Vorteil war nicht festzustellen, so daß man an dieser Idee, sie vormerkend, vorübergehen kann.

Oleum Olivae, -Ricini und -Sesami-hydrogenatum besitzen gegenüber dem hydrierten Arachisöl keinen Vorteil (HOFER u. VOGT[3]).

Oleum pedum tauri war jahrzehntelang völlig obsolet. Es handelt sich um das Fett aus den Klauen der Rinder. Bei seiner Gewinnung werden die Fetteile zerschnitten und mit Wasser ausgekocht. Das nach dem Erkalten abgehobene Fett wird geschmolzen und gereinigt. Es ist weißlich-gelb und soll schwer ranzig werden, eine Angabe, die mit der Ansicht, daß es großenteils aus ungesättigten Anteilen bestehe, schwer in Einklang zu bringen ist.

KADEN[4] erinnert nun wieder an dieses Präparat, das zu 80% aus ungesättigten Fettsäuren bestehen soll, gut eindringt und im Läppchentest vollkommen reizlos ist. Die Anwendung erfolgte als „Nährkrem" vom Wa/Öl-Typ. Darüber hinaus hat Asid Dessau in ihrer Fissurin-Salbe Zink und Wismut mit dem Öl kombiniert (BITTERSOHL[5]).

Serol der Firma Merz in Frankfurt ist ein hydrophiles Kolloid, das Milchserum mit wasserlöslichen Proteinkörpern enthält. Es ist isotonisch und isojonisch, ein schleimartiges Produkt, das sich besonders zur Behandlung von fettempfindlichen Ekzemen eignet.

Es ist die Basis des Antimycoticums Phebrocon, des Recto Serol, Placenta Serol und des Antikonzipiens Patentex. In neuester Zeit wird die *Ölsäure* nicht nur als Teil eines Emulgators (ölsaure Salze), sondern auch an sich als „reversibles" Depilatorium verwendet. SPRECHER[6] hat durch Ölsäurepinselungen eine vollständige Depilation erreicht und damit

---

[1] KRING: Dansk Tidsc. f. Pharm. **24**, 211 (1950).
[2] POLANO: Skin Therapeutics Elsevier 1952.
[3] HOFER u. VOGT: Pharm. Acta Helvet. **22**, 535 (1947).
[4] KADEN: Z. Hautkrkh. **9**, 20 (1950).
[5] BITTERSOHL: Dtsch. Gesundheitswesen **1950**, 1645.
[6] SPRECHER: Ref. in Dermat. Wschr. **1953**, 706.

Kopfpilzerkrankungen bekämpft. Die befallenen Partien wurden behandelt, nach 7 bis 20 Tagen fielen die Haare völlig aus und neue gesunde, makro- und mikroskopisch pilzfreie Haare sprossen nach.

Hautfett

Die „hautfreundlichen" Salben werden immer zahlreicher, es gibt schon längst keine anderen mehr. Ob nun Silicone, Paraffine oder sonstige alte oder neue Körper zur Anwendung kommen, sie sind von sich aus oder durch „glückliche Kombination" „freundlich" oder gar dem Hautfett nahe verwandt.

In der Erforschung der Hautfette selbst ergaben sich neue Gesichtspunkte. KAUFMANN, SZAKALL u. BUDWIG[1] unterscheiden mit Recht scharf zwischen Hautlipoiden und Talgdrüsenfett. Mit Hilfe der Papierchromatographie und der Abrißmethode von SZAKALL[2], die später geschildert wird, konnten sie die Bildung bzw. den Nachschub der Hautlipoide in jeder einzelnen Zellage der Haut studieren und feststellen, daß die vordringenden Lipoide vorwiegend aus Fettsäuren, meist Ölsäure, bestehen. Die Autoren sind der Ansicht, daß diese Substanzen, die VEGUN u. WILLIAMS[3] beschrieben haben, als Lipoproteine netzartig mit Eiweißbestandteilen verkuppelt sind und jeweils bei Bedarf freigegegen werden.

In einer neuen Arbeit weisen BUCKUP und SZAKALL[4] darauf hin, daß es mit Hilfe der Abrißmethode möglich sei, die Verteilung der Fette in den einzelnen Hautschichten auch dann nachzuweisen, wenn z. B. fremde fettartige Substanzen wie Kohlenwasserstoffe eingedrungen sind. Es scheint bei der Ölakne so zu sein, daß fremde Kohlenwasserstoffe, die nicht in der Lage sind Peroxyde zu bilden, zu Zellwucherungen führen.

In neuer Art haben PRITCHARD, EDWARDS u. CHRISTIAN[5] Versuche zur Gewinnung von Hautfett durchgeführt. Sie haben die Fettschicht durch Filterpapier, das mit 1,5 kg pro cm³ aufgedrückt wurde z. B. von der Stirne aufgesaugt und die Filter dann mit Äther extrahiert. Die gefundene Fettmenge pro cm² Stirnfläche betrug 0,05 bis 0,5 mg und konnte nahezu quantitativ erfaßt werden.

W. SCHNEIDER hat sich in seiner Arbeit über Physiologie, Morphologie und Pathologie der Gewerbeschutzsalben mit den *Lipiden der Haut* befaßt. Siehe S. 133.

Paraffinkohlenwasserstoffe

Über die alten Salbenbasen, die großenteils auf Mineralfetten, besser gesagt auf Paraffinkohlenwasserstoffen beruhen und auch heute, meist in Kombination mit anderen Grundstoffen, noch immer am häufigsten in Verwendung stehen, hat sich eine breite Diskussion entwickelt. Daß sie, für sich allein verwendet, nicht hautfreundlich, ja meist nicht einmal

---

[1] KAUFMANN, SZAKALL u. BUDWIG: Fette u. Seifen **53**, 406 (1951).
[2] SZAKALL: Fette u. Seifen **53**, 399 (1951).
[3] VEGUN u. WILLIAMS: Nature (Lond.) **165**, 768 (1950).
[4] BUCKUP und SZAKALL: Berufsdermatosen **4**, 1 (1956).
[5] PRITCHARD, EDWARDS and CHRISTIAN: J. Amer. Pharmaceut. Assoc., Sci. Ed. **38, 546** (1949).

indifferent wirken, ist lange bekannt. Nun wissen wir auch, daß sie die Meerschweinchenhaut akanthotisch verändern.

Als Salbenbasen wurden die Paraffine und insbesondere Vaseline in den Jahren nur im negativen Sinne geprüft. Sie werden aber trotzdem in den neuen Arzneibüchern noch erscheinen, doch dürften hier Änderungen nötig sein.

Die Vorschrift, daß Paraffinum solidum aus Ozocerit hergestellt werden muß, ist nicht mehr zeitgemäß. Es erscheint zweckmäßig, das handelsübliche Hartparaffin mit einem Schmelzpunkt von 50—57°, das aus der Braunkohlenschwelung, der Benzinsynthese oder der Petroleumdestillation stammen kann, gleichfalls mit einzubeziehen.

Beim Vaselin halten wir es für zweckmäßig (CZETSCH-LINDENWALD[1]), daß die Angabe des Schmelzpunktes durch Viscositätsangaben ersetzt wird. Der Schmelzpunkt war seinerzeit angegeben worden, um niedriger schmelzende Verfälschungen auszuschalten, dies ist heute nicht mehr nötig, wohl aber wird durch das Limit nach oben den synthetischen Produkten, wie Hyvaline mit einem Schmelzpunkt von 49°, trotz sonst guter Verträglichkeit der Zutritt verwehrt.

Zu denken wäre an eine Vorschrift, daß Vaselin und Paraffine nur mit einem Acanthosetest unter 2,0 im pharmazeutischen Handel angeboten werden dürfen. Jedes Faß müßte aus einer überprüften Charge mit einem Attest verkauft werden.

Auf Grund ihres technischen Ursprunges unterscheidet REIS[2] Natur-, Gatsch-, Kunst- und synthetisches Vaselin, wobei sich die beiden ersteren Arten durch besonders gute Streichbarkeit auszeichnen. Sie enthalten vorwiegend Ring- und Isoparaffine und nur geringe wechselnde Anteile an Normalparaffinen.

Die letzteren beiden Arten besitzen die für Vaselin unerwünschte Eigenschaft, Kristallgerüste aufzubauen, was zu einer Verschlechterung der Zügigkeit führt. Durch eine neue Methode konnte REIS, die Normalparaffine quantitativ erfassen. Er stellte fest, daß der Gebrauchswert einer Vaseline insbesondere durch Faktoren, wie Kettenlänge, Art der Verzweigung, sowie durch den Gehalt an Ringparaffinen, jedoch nur untergeordnet durch den an Normalparaffinen bedingt ist. Die Isoparaffine beeinflussen die Zügigkeit nur dann, wenn sie eine gewisse Kettenlänge besitzen, also nicht mehr flüssig sind.

Eine neue Idee liegt den Salbenwachsgrundlagen von G. Schütz, Weißenkirchen/Taunus zugrunde. Es sind dies feste Wachse vom Schmelzpunkt 54—56°, die laut Angaben aus Kohlenwasserstoffen bestehen. Sie haben aber gegenüber den Paraffinen der Pharmazie, die geradkettig sind, verzweigte Ketten und stellen sozusagen die höheren Homologen des Vaselin dar. Man schmilzt sie mit Ölen zusammen und erhält so Salbenbasen, die mit sehr kleinen Mengen von Emulgatoren bereits gute Emulsionen geben.

---

[1] CZETSCH-LINDENWALD: Pharmazie 5, 302 (1952).
[2] REIS: Fette u. Seifen 57, 1 (1955).

Polyäthylenoxydsalben

In der Vorkriegszeit bestanden die wasserlöslichen Salben aus Öl/Wa-Emulsionen, oder aus Schleimen vom Typ des Ungt. Glycerini. Die Emulsionssalben haben durch ihre Elektrolytempfindlichkeit und die Eintrocknungsgefahr Nachteile. Sie haben sich zwar als hautpflegende Salben, nicht aber als Medikamententräger durchgesetzt. Der Typ des Ungt. Glycerini ist empfindlich und wenn er nicht eintrocknen soll so hygroskopisch, daß er nur in Ausnahmefällen verwendet werden kann. Die Polyäthylenoxydwachse füllen daher eine recht wesentliche Lücke aus. Wir haben Salben vor uns, die wasserlöslich, mit den meisten Medikamenten mischbar sind und gut vertragen werden. Auf der Haut, auf Wunden, nicht aber auf der Schleimhaut des Auges, können sie angewendet werden. Die Polyäthylenoxydwachse wurden zuerst in Deutschland therapeutisch angewandt und zwar weniger als Salbenbestandteil denn als Suppositoriengrundlage (Postonal).

Die Salbengrundlagen selbst wurden auf deutschen Forschungen (KOLLEK) aufbauend großenteils in Amerika ausgearbeitet, deshalb hat sich in der Literatur auch der Name Carbowax, der den amerikanischen Herstellern geschützt ist, am meisten durchgesetzt. Der richtige Name, der Firmen unabhängig ist, ist Polyäthylenoxydsalben, der Name Polyglykolsalben ist zwar auch gebräuchlich, gibt aber im Hinblick auf die Glykole ein falsches Bild.

Je nach der Kettenlänge sind die „Wachse" ölig, schmalzig oder wachsartig fest, sie sind untereinander mischbar und können auch etwas Wasser und fette Anteile aufnehmen. FREUDWEILER[1] hat die wichtigsten Eigenschaften der Polyäthylenoxyde zusammengestellt und über die pharmazeutische Anwendung berichtet. Ihm folgte BÜCHI[2], der Richtlinien zur Prüfung aufstellte. Die Literatur ist außerordentlich groß, SCHÜTZ[3] faßte sie zusammen.

Besonders wesentlich erscheint die Tatsache, daß Polyäthylenoxydsalben ohne Wasserzusätze hygroskopisch sind, so daß sie sich verändern und eventuell auch auf der Haut ein osmotisches Gefälle auslösen. Der Zusatz von 10 bis 20% Wasser verringert die Hygroskopizität, übt aber sonst keinen besonderen Einfluß auf die therapeutische Wirksamkeit aus. In Amerika ist ein Gemisch von Polyäthylenoxyd 400 und 4000 als Polyäthylenglykol-Ointment schon seit einigen Jahren offizinell. Es ist anzunehmen, daß eine ähnliche Mischung auch in Europa in den neuen Arzneibüchern Eingang finden wird. Im DAB VI Nachtrag wird diese Grundlage erstmals erscheinen.

Die Zahlen 400 oder 4000 stellen die Polimerisationsstufen (z. B. 9×44 — Molekulargewicht = 400) dar.

In Deutschland gibt es schon verschiedene Hersteller von Polyäthylenoxydsalbengrundlagen. Zu erwähnen ist da insbesondere das Cremolan Sortiment der BASF, das in der Industrie vielfach verwendet wird. Wie

[1] FREUDWEILER: Festschrift, Paul Casparis 77 (1949).
[2] BÜCHI u. KUTTER: Pharm. Acta Helvet. 25, 37, 57 (1950); 27, 1 (1952).
[3] SCHÜTZ: Arzneimittel-Forsch. 3, 451 (1953).

unsere Erkundigungen ergaben, hat aber weder das Polyäthylenoxyd-Ointment, noch einer der Rohstoffe im wesentlichen Umfang in die Rezeptur Eingang gefunden. Es ist anzunehmen, daß dies in den nächsten Jahren, nach Aufnahme der Basen in die neuen Arzneibücher, stattfinden wird. (CZETSCH-LINDENWALD[1]) (SCHMIDT-LA BAUME und LIETZ[2]).

Für besonders geeignet halten wir das Cremolan 100 V der BASF, das schmalzigen Charakter — ähnlich dem Vaselin — besitzt, also eine fertige Salbengrundlage darstellt und nicht mehr vermischt werden muß. Für den Fall, daß es durch Zugabe von festen Bestandteilen eine zu steife Paste ergibt, so kann man dies mit Cremolan 400 oder mit Butantriol mühelos ausgleichen.

Selbstverständlich muß man beim Übergang von der Therapie mit Paraffinkohlenwasserstoffen zu der mit Polyäthylenoxyden zuerst umlernen und dann erst umschalten. Trotz der vielleicht zunächst irreführenden Namen „Wax" haben die daraus bereitenden Salben keinen Wachscharakter. Sie sind wasserlöslich, macerieren die Haut nur wenig, trocknen sie aber aus. Dieser Nachteil kann, wie erwähnt, durch Wasserzusatz ausgeglichen werden. Die Waxe sind, sofern ein Emulgator zugegeben ist, mit Wollfett, Vaseline und Fett mischbar, doch drängen größere Wasserzusätze diese Komponenten wieder hinaus.

Polyäthylenoxyde vertragen sich mit vielen, in der Dermatologie eingesetzten Medikamenten, mit Ausnahme von Sublimat, Jod, Jodkali, Phenol, Resorcin, Silbernitrat, Tannin. Sie besitzen ein gutes Lösungsvermögen für Sulfonamide und Dibromsalicyl.

Penicillin wird von den Polyäthylenoxyden rasch zerstört, Usninsäure hingegen ist in diesem Medium besonders haltbar und wirksam.

Die Vorteile der Carbowaxsalben werden wie folgt charakterisiert:

1. Sie sind unverändert haltbar.
2. Sie können auf jedes pH eingestellt werden.
3. Gute Verträglichkeit ist gewährleistet.
4. Keine Maceration der Haut (nur beschränkt richtig!).
5. Die Salben haften auf feuchter Haut und Wunden.
6. Sie sind mit Wasser abwaschbar.
7. Sie sind gute Lösungsmittel für Medikamente. Ausnahmen beachten! Die Wirkstoffabgabe ist meist verzögert, s. unten und unter Antibiotica.
8. Die osmotischen Kräfte wirken ausschwemmend und trocknend.

Als letztes sei noch erwähnt, daß die Carbowaxe als Lösungsmittel in der Lage sind, Desinfizienzien aus Verbandmull in die Wunden übertreten zu lassen (BÜCHI u. Mitarb.). Durch ihre osmotische Kraft können die Polyglykole in vitro Unwirksamkeit vortäuschen. In vivo empfiehlt es sich, sie in kleinen Dosen in dünnster Schicht anzuwenden. Salbenverbände und -mulle wirken nur osmotisch, der Wirkstoff kommt nicht zum Kontakt Über die Wirkstoffabgabe s. auch Antibiotica-Diffussionstabelle.

---

[1] CZETSCH-LINDENWALD: Dtsch. Apotheker-Ztg. **96**, 17, 372 (1956).
[2] SCHMIDT-LA BAUME und LIETZ: Die Emulsionen in der Hauttherapie, 1951, Hirzel-Verlag.

Der Einfluß von Polyaethylenglykol auf die percutane Resorption von Wirkstoffen wurde kürzlich in einer Dissertation von E. Schütz[1] (aus dem pharmakologischen Institut der Universität Mainz und dem Gewerbehygienisch-Pharmakologischen Institut der Bad. Anilin- und Sodafabrik Ludwigshafen) untersucht. Nach einem Hinweis auf zahlreiche Fehlerquellen der Untersuchungen an der Tierhaut wurde eine neue Versuchsanordnung an Ratten entwickelt, die besonders zuverlässige Resultate garantiert. In sogenannten Resorptionswannen wurden verschiedene Wirkstoffe auf ihre Permeabilität untersucht. Es konnte nachgewiesen werden, daß Polyaethylenglykol 400 (Lutrol) die percutane Resorption deutlich gegenüber derjenigen aus anderen Lösungsmitteln bei folgenden Substanzen verzögert: Phenol, Salicylsäure, γ — Hexachlorcyclohexan, Monomethylanilin, Nitrocyclohexan und der sehr toxischen Nicotinbase. Das Lutrol selbst geht durch die intakte Rattenhaut nur in sehr geringen Mengen (Blutspiegel unter 2 mg-%) hindurch.

Aus wäßrigen Polyaethylenglykol-Lösungen erfolgt eine deutlich verbesserte Resorption gegenüber dem konzentrierten Polyaethylenglykol erst bei einem Wassergehalt von über 50%.

Eine Resorptionsverzögerung aus Lutrol kommt nicht zustande durch dessen Viscosität oder einen angeblichen Adstringierungseffekt. Auch die hygroskopische Wirkung von Lutrol hat keine Bedeutung, da dieses nur wenig Wasser aus der Haut aufnimmt.

Als wichtigen Grund für die Resorptionsverzögerung bei Lutrol als Lösungsmittel wird angeführt seine Oxonierungsbereitschaft, sein großes Lösungsvermögen und die geringe Durchlässigkeit der Haut für das Polyaethylenglykol 400. (Lutrol).

Auf Grund dieser Ergebnisse wird von dem Autor bei der Gefahr einer vorliegenden percutanen Vergiftung Lutrol als Waschmittel vorgeschlagen, wobei der Nachweis seiner Brauchbarkeit bei der Phenolvergiftung auch geführt werden konnte.

Emulsionen

Erkennung

Simmonite[2] hat eine neue Methode zur mikroskopischen Erkennung von Emulsionen ohne Anfärbung ausgearbeitet.

Man stellt das Mikroskop scharf auf den Rand der Tröpfchen ein. Beim Öl/Wa-Typ zeigt sich beim Heben des Objektives ein heller Rand und in der Mitte ein Lichtfleck. Beim Senken entsteht ein trübes, unscharfes Bild. Bei Wa/Öl-Emulsionen ist es gerade umgekehrt. Dieses Verhalten beruht auf der verschiedenen Lichtbrechung in den einzelnen Phasen.

---

[1] E. Schütz: Inaug. Dissertation Mainz 1955.
[2] Simmonite: Pharm. J. 163, 386 (1949).

Wasser in Öl-Emulsionen

Nach wie vor stehen Cholesterin und seine Derivate an der Spitze der Wa/Öl-Emulgatoren. Das Wollfett selbst ist etwas in den Hintergrund geraten und die Wollfettalkohole, deren Wert wir aus den Präparaten Eucerin, Protegin, Eumolloin und Parachol kennen, sind interessanter geworden. Mit den Wollfettalkoholen, die nahezu geruchlos sind, kann man exakt arbeiten, sie variieren nicht, wogegen Wollfett, insbesondere englischer, australischer und amerikanischer Provenienz in Geruch, Farbe und Wasseraufnahme außerordentlich schwankt, auch wenn es die Proben der Arzneibücher der Ursprungsländer hält.

Da zudem die Patente längst abgelaufen sind, bemühen sich die Hersteller, ihre früher geheimnisvoll gehüteten konzentrierten Wollfettalkoholgemische in die jeweiligen Arzneibücher zu bringen. Ähnlich wie andere Pharmakopoen wird deshalb auch das DAB VII und die Austriaca IX Alkoholia lanae führen. Neuwald[1] hat hierfür folgende Konstanten vorgeschlagen: Weißlichgelbe bis gelbe Masse mit glattem Bruch und schwachem Geruch. Es sollen mindestens 28% mit Digitonin fällbare Sterine vorhanden sein. Alkoholia lanae schmelzen über 54° und sind in Chloroform, Äther, Petroläther und siedendem, absolutem Alkohol löslich. Der Säuregrad darf nicht über 0,5, die Jodzahl soll zwischen 90—115, der Verbrennungsrückstand muß unter 0,1% liegen. Aus den Alkoholen soll dann ein Unguentum alkoholia lanae bereitet werden.

> **Rp.:** Alkoholia lanae 6
> Vaselinum fl. 10
> Paraffin. solid. 24
> Paraffin. liqu. 60

Daraus wiederum läßt sich ein Unguentum aquosum mit 50% Wassergehalt herstellen.

Büchi u. Schlumpf[2] haben in umfassenden Versuchen festgestellt, daß folgende Salbe empfehlenswert erscheint:

> **Rp.:** Cholesterinum . . . . 5 T.
> Cera alba . . . . 5 ''
> Adeps Lanae. . . . . 20 ''
> Vaselinum album . . . . 20 ''
> Paraffinum subl. . . . . 25 ''
> Cetaceum . . . . 25 ''

Diese Salbe gewährleistet eine große Dispersität der wäßrigen Phase und ist dem Ungt. cetylicum des Schweizer Arzneibuches bedeutend überlegen.

Wie schon Casparis u. Mühlemann[3] feststellten, verschlechtern Arzneistoffe, in der Wasserphase gelöst, die Emulsionseigenschaften einer Salbe. Man kann das beobachten, ohne aber Gesetzmäßigkeiten aufzustellen. Auch hier soll die obengenannte Salbe von Büchi u. Schlumpf verhältnismäßig unempfindlich sein.

---

[1] Neuwald: Arch. Pharmaz. 284, 4 (1951).
[2] Büchi u. Schlumpf: Pharm. Acta Helvet. 19, 6 (1944).
[3] Casparis u. Mühlemann: Officina Wander 73, (1940).

Einige Spezialpräparate der Industrie

Eumolloin B 53 (Louis Ritz, Hamburg): Ist ein besonders reines Vaselin mit einem Zusatz von Cholesterin und Wollfettalkoholen. Der Schmelzpunkt von 46° C liegt verhältnismäßig hoch, desgleichen die Wasserzahl von 360. Der Acanthosefaktor 1,9 wird durch Zusatz von 50% Wasser auf 1,2 herabgedrückt.

Dermacetyl/Siegfried: Ist ein dem Eucerin ähnlich zusammengesetztes Produkt, das dem Beiersdorf Präparat seinerzeit noch nicht völlig gleichwertig war (MÜHLEMANN u. SCHLUMPF[1]).

Amphocerin E der Dehydag, Düsseldorf: Besteht aus einem cholesterinreichen Gemisch von tierischen und pflanzlichen Sterinen und ist völlig frei von Vaselin und sonstigen Kohlenwasserstoffen.

Es nimmt 150 bis 200% Wasser auf und schmilzt bei 45 bis 50° C. Man schmilzt die Masse mit den fettlöslichen Anteilen. Anschließend wird die wäßrige Phase wie üblich portionsweise zugefügt. Es ist besonders zur Großflächenbehandlung geeignet, in Fällen bei denen Vaseline kontraindiziert ist.

Amphocerin K: Ist frei von den sonst üblichen Wollfett- bzw. Wollfettalkohol-Basis Zusätzen. Es enthält nur kleine Mengen weißer Vaseline. Da es eine farblose durchscheinende Masse darstellt, die eine weiße W/Ö-Emulsion ergibt, wird es auch in der Kosmetik gern als Salbengrundlage benutzt. In klinischen Versuchen sind die Amphocerin-Emulsionen besonders hautverträglich.

Walzen oder Homogenisieren erscheint bei beiden Salben zweckmäßig. Das Abfüllen erfolgt vor dem völligen Erkalten (bei etwa 30° C). Ein bewährtes Rezept für eine Amphocerin W/Ö-Emulsion ist:

Rp.: Amphocerin K   35,0
Eutanol G   15,0
Aqua dest. ad 100,0

Bei entzündlichen Dermatosen mit Indikation für Zink und Wismut empfiehlt sich folgender Ansatz:

Rp.: Zink. oxyd.
Bismut. subnitric. aa   4,0
Amphocerin K   35,0
Amphocerin E   15,0
Aqua dest. ad 100,0

Eutanol G (Dehydag): Ist ein flüssiger, höhermolekularer Fettalkohol, chemisch gesättigt und daher wenig reaktionsfähig. Praktisch frei von Fettsäuren und Glyceriden unterliegt Eutanol G nicht dem Ranzigwerden, besitzt jedoch fettähnlichen Charakter bei gleichzeitig großer Fluidität und hoher Kältebeständigkeit (Dichte 0,84, Viscosität etwa 60 cP, Stockpunkt unter 30°). Die hervorstechendste Eigenschaft des vollkommen hautverträglichen Eutanol G ist sein außerordentliches Lösungsvermögen für Dermatotherapeutika, wodurch es zu einem hervorragenden Vehikel für schwerlösliche Wirkstoffe wird. Eutanol G löst mehr als

---

[1] MÜHLEMANN u. SCHLUMPF: Pharm. Acta Helvet. 19, 6 (1944).

5% Salicylsäure, Novex, Sterosan u. a. Therapeutika, etwa 5% metallisches Jod und mehr als 10% öllösliche Lichtschutzsubstanzen (z. B. Parsol, Prosolal, Solprotex). Mit Alkohol, Äther, fetten Ölen, Cetiol und Paraffinöl ist Eutanol G mischbar, desgleichen mit Salbengrundlagen üblicher Art. Besonders leicht und fein emulgiert es in Lanette-Grundsalben (Ungt. Emulsificans DAB 6 Nachtrag) und wirkt dabei fördernd auf Penetration und Diffusion. Eutanol G kann also vorteilhaft an Stelle von Cetiol oder anderen Ölen in Ungt. lanetti oder Amphocerin verwendet werden.

Hydrocetol: Ein schwedisches Präparat ist die gesamte aus dem Potwal gewonnene Fettmasse, die der Härtung unterworfen wird. Das Walöl enthält ungesättigte Alkohole, Fettsäuren und deren Ester. Das Hydrocetol ist geruchlos, rein weiß und dem Walrat, sowohl äußerlich wie auch in bezug auf seine Konstanten sehr ähnlich. Es enthält etwa 30% Triglyceride, ist billiger als Walrat und vegetabilische Öle. Die Salben sind fester und temperaturunempfindlicher wie die mit Cetaceum bereiteten (SUNDBERG [1]).

Basunguent und *Vaselinum hydrosum* (Heilmittelwerke Wien): Sind Kombinationen der alkoholia lanae mit Vaselin. (RIEHL [2] konnte damit keine neuen Gesichtspunkte gewinnen, empfiehlt aber die Grundlagen.)

Alkoholia lanae oder Alkoholia cerae lanae werden in Deutschland von Beiersdorf hergestellt. *Hydrocerin* Böhringer und *Hartolan* (Croda) sind gleichwertige Präparate. Sie stellen die unverseifbaren Anteile des Wollfettes, meist Fettalkohole und ihre Ester dar, sind hart und spröde, gelb, ähnlich dem Bienenwachs, werden beim Erwärmen plastisch und haben einen Schmelzpunkt von nicht unter 54.

Boehringers *Boerocerin* und das englische *Dastar* (Croda) bilden eine weitere Gruppe. Sie bestehen zu 50% aus Cholesterin, der Rest aus Sterolen und Fettalkoholen (Ceryl- und Cetylalkohol). Es handelt sich um kremfarbige Pulver mit unbestimmtem Schmelzpunkt, die bei 70° C erweichen und bei 130° C noch nicht vollständig geschmolzen sind.

Kathro der Croda/London: Besteht bis zu 70% aus Cholesterin, der Rest aus Sterolen und Fettalkoholen und stellt ein weißes Pulver dar. Der Schmelzpunkt ist, wie bei Dastar, nicht feststellbar. Zwei Rezepte sollen den Einsatz zeigen:

Hand Cream

Rp.: Kathro	5,0
Vaselin.	10,0
Paraffin. liqu.	60,0
Paraffin. solid.	20,0
Glycerin.	4,0
Aqua dest.	80,0
	183,0

---

[1] SUNDBERG: Pharmaceutisk Revy **53**, 10 (1954).
[2] RIEHL: Wien. klin. Wsch. **1954**, 37, 720.

Cold Cream

Rp.: Ol. Amygdal. 50,0
Adeps Lanae. 4,7
Cera alba 13,0
Kathro 1,3
Lecithin 1,5
Borax. 0,9
Aqua dest. 28,6
_____
100,0

Cholesterin: Ist in Form von weißen Blättchen oder Körnern vom Schmelzpunkt 147—150 im Handel. Die Löslichkeit:

in Vaselin . . . . etwa 0,6%
in Paraffinöl . . . . „ 2,3%
in Arachisöl . . . . „ 3,4%

Wasserzahlen bei 20°:

1% in Vaselin. . . . . etwa 117
1% in Ol. Arach. hydrog. . . . „ 244
3% in Ol. Arach. hydrog. . . . „ 610
5% in Ol. Arach. hydrog. . . . „ 525

Öl in Wasser-Emulsionen

Über die theoretischen Grundlagen der Öl/Wa-Emulsionen, insbesondere der Stearatkremes, berichten MÜNZEL u. AMAN[1]. Außerdem sind auf diesem Gebiet in letzter Zeit eine Unmenge neuer Typen in den verschiedensten Gebieten der Chemie entwickelt worden, so daß zunächst eine Einteilung nötig ist, um die Übersicht überhaupt zu gestatten. Dann sollen die neuen Emulgatoren, soweit dies möglich und noch nicht geschehen ist, besprochen werden.

Dem Salbenverbraucher, also dem Arzt, sind die Öl/Wa-Salben vom Typ des Ungt. Lanetti erwünschter als dem Galeniker, dem Hersteller dieser Produkte. Der Hauptnachteil dieses Typs bleibt die Eintrocknungsgefahr. Auch die Elektrolytempfindlichkeit, Bakterien-Anfälligkeit und die nicht immer ganz einfache Herstellung dämpfen die Freude an diesem Typ, der sich z. B. in Österreich nur sehr beschränkt eingeführt hat.

Zunächst die Einteilung:

Öl—Wasser-Emulgatoren

Anionaktive	*Kationaktive*	*Nicht dissoziierte*	*Kolloide und an-*
Seifen, sulfierte und	Invertseifen	partielle Ester	organische Schleime,
sulfonierte Öle	(Quarternäre	höherer Alkohole	Ton, Bentonit,
	Ammoniumbasen)		Hydroxyde

Zu den *anionaktiven Emulgatoren* gehören die Seifen und Lanettewachse, Emulgatoren über die bereits eingehend berichtet wurde.

---

[1] MÜNZEL u. AMAN: Pharm. Acta Helvet. **28**, 369 (1953); **29**, 9, 171 (1954).

Die Lanettewachse sind Abkömmlinge des Spermöles, LIETZ[1] hat dies in einem instruktiven Stammbaum zusammengestellt:

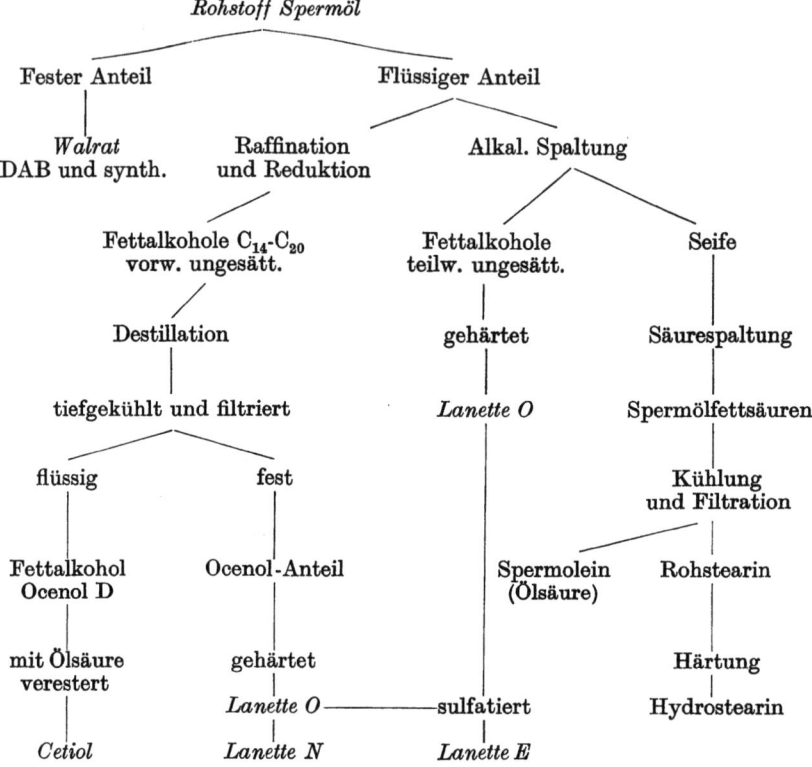

Rohstoff Spermöl

Fester Anteil   Flüssiger Anteil

Walrat   Raffination   Alkal. Spaltung
DAB und synth.   und Reduktion

Fettalkohole C_{14}-C_{20} Fettalkohole   Seife
vorw. ungesätt.   teilw. ungesätt.

Destillation   gehärtet   Säurespaltung

tiefgekühlt und filtriert   *Lanette O*   Spermölfettsäuren

flüssig   fest   Kühlung
                                                  und Filtration

Fettalkohol   Ocenol-Anteil   Spermolein   Rohstearin
Ocenol D   (Ölsäure)

mit Ölsäure   gehärtet   Härtung
verestert   *Lanette O*———sulfatiert   Hydrostearin

Cetiol   *Lanette N*   *Lanette E*

Die Lanettewachse wurden in Deutschland ausgearbeitet und haben einen Siegeszug durch die Welt angetreten:

Das Britische Arzneibuch führt Alkohol cetostearylicum, Sodii et Laurylis sulphas, Cera emulsificans, Ungt. emulsificans aquosum an. Die USP. XV kennt die analogen Bezeichnungen, das Ergänzungswerk zum Dänischen Arzneibuch das Cetylan.

Die wasserhaltigen Präparate enthalten 40 bis 70% Wasser und sind dem Ungt. Lanetti nachgebildet.

> **Rp.:** Lanette N (Cera emulsificans) . . . 24,0
> Cetioli oder Paraffini liqu. 16,0
> Aqua dest. 60,0

Das dickflüssige Grundliniment, Linimentum Lanettae, besteht aus folgenden Anteilen:

> **Rp.:** Lanette N . . . . 2,5—5,0
> Cetioli (oder Eutanol G) . . . . . . 2,5—5,0
> Aqua dest. ad 100,0

———————
[1] LIETZ: Parfümerie u. Kosmetik **33**, 3 (1952).

Die Salbenbasen, vielfach modifiziert, dienen nun als Träger der verschiedensten Medikamente, insbesondere dann, wenn Frischbereitung erwünscht ist. Bei der Herstellung einer Penicillinsalbe der B. P. (Cremor Penicillini) ist die Eigenschaft des Laurylsulfates, die Penicillase zu hemmen, sehr erwünscht.

Über die Seifen ist nur wenig Neues zu berichten. Früher war man der Ansicht, daß die Triäthanolseifen die Haut irritieren. SCHNEIDER[1] weist nun darauf hin, daß Triäthanolseifen-Cremes bei der Nachbehandlung entlassener Patienten nie Reizungen verursacht haben, so daß man jetzt für deren Indifferenz einstehen könne.

Die älteren, widersprechenden Resultate dürften auf Verunreinigungen zurückzuführen sein. Dementsprechend hat das Triäthanolstearat auch schon Eingang in die Salbentherapie gefunden und die Sterosanpaste (Geigy) beruht auf dieser Grundlage.

Die *kationenaktiven Emulgatoren* sind als Wasch- und Desinfektionsmittel schon lange bekannt. Als Salbenemulgatoren spielen sie auch heute nur eine untergeordnete Rolle. Eher werden sie als Wirkstoff herangezogen, doch muß hier darauf geachtet werden, daß die gleichzeitige Anwensenheit von anion- und kationaktiven Öl/Wa-Emulgatoren jede Emulsion sofort zerstört. Andrerseits läßt sich Wollfett und Cetyltrimethylammoniumbromid in der Glasgow Creme der Engländer kombinieren. In ähnlicher Weise können auch Zephirol, Quartamon, Cetrimid, Cetavlon in Wa/Öl-Emulsionen eingearbeitet werden.

Die ersten *Nicht-dissoziierten Emulgatoren* wurden schon lange vor dem Krieg hergestellt, doch hat ihre Bedeutung und insbesondere ihre Zahl (es dürfte sich um etwa 500 verschiedene Marken, wenn auch nicht Substanzen handeln) im letzten Jahrzehnt stark zugenommen, scheint aber zur Zeit nahezu abgeschlossen zu sein.

Um sich hier durchzufinden, ist es nötig, zuerst Beispiele zu bringen und dann eine systematische Ordnung zu versuchen.

Das Glycerin

$$CH_2OH$$
$$CH\ OH$$
$$CH_2OH$$

ist ein 3 wertiger Alkohol. Verestert man nun eine Alkoholgruppe mit einer Fettsäure so erhält man ein Monoglycerid, verestert man 2 Gruppen mit 2 Fettsäuren so entsteht ein Di- und bei allen dreien ein Triglycerid, also ein Fett. Monoglyceride sind gute Emulgatoren, Diglyceride mäßige, die Fette nehmen nur sehr wenig, oder ohne Hilfe von Emulgatoren, überhaupt kein Wasser auf und lassen sich auch nicht ohne Hilfsstoff emulgieren. Die Vielzahl der Fettsäuren ermöglicht nun eine überaus große Variation, je nachdem man kurz oder langkettige, gesättigte oder ungesättigte Ester verwendet. Als Beispiel seien die Kombinationen der Edelfettwerke Hamburg-Eidelstedt, über die Literatur vorliegt, gebracht.

Es handelt sich um Mischungen verschiedenster Glyceride die POLEMANN[2] eingehend bespricht. Sie können sowohl in Salben wie auch in Seifen verwendet werden.

---

[1] SCHNEIDER: Fette u. Seifen 53, 4 (1951).
[2] POLEMANN: Münch. med. Wschr. 1952, 35.

1. Estarinum anhydr. „G"-Typ: Öl/Wa. Es stellt einen Monoglycerid-
ester teilgesättigter Ölsäure dar, der mit einem Triglycerid gesättigter
Fettsäuren verschnitten ist, so daß das Produkt eine Jodzahl von etwa
39 und einen Schmelzpunkt von etwa 40° C besitzt.

2. Estarinum anhydr. „U"-Typ: Wa/Öl. Ein Monoglycerid der Ölsäure
ist mit einem Tri-Ester teilabgesättigter Ölsäure versetzt. Die Jodzahl
beträgt etwa 65 und der Schmelzpunkt etwa 36° C, Wasserzahl etwa 200.

Die vorstehenden Salbengrundlagen wurden durch die Bezeichnung
„G" und „U" unterschieden. Es soll damit der differierende Sättigungsgrad und der Emulsionstyp, der von den Monoglyceriden abhängig ist,
ausgedrückt werden.

BIEDEBACH[1] nennt andere Emulgatoren derselben Firma, da auf Grund
des Warenzeichenrechtes die Namen abgeändert wurden. Nach ihm sind
jetzt folgende durch einige weitere Typen vermehrte Emulgatoren im
Handel:

Öl/Wa-Emulgatoren:

mit ungesättigten Monoglyceriden, *Estarinum G und GG, Emulgator E,
Emulgator 509.*

Wa/Öl-Emulgatoren:

mit gesättigten Glyceriden, *Estarinum anhydricum U, Emulgator 560,
Emulgator 628.*

Estarinum anhydricum G und U lassen sich ohne, die anderen Emulgatoren mit Wärmeanwendung verarbeiten.

Glykol ist ein 2wertiger Alkohol, auch hier sind Mono- und Di-Ester
herstellbar und durch die Wahl verschiedener Fettsäuren ist eine bedeutende Breite gegeben.

Bei den 5- und 6wertigen Alkoholen insbesondere letzterem, dem Sorbit, ist die Möglichkeit der Variation noch viel größer.

Sorbit selbst ist mit seinen modifizierten Glycerineigenschaften ein
auch in der Pharmazie (Karion) unentbehrliches Präparat geworden.
Hier aber sollen die Variationsmöglichkeiten der daraus abgeleiteten
Emulgatoren besprochen werden.

Durch einfache Veresterung von einer oder 2 der 6 vorhandenen OH-
Gruppen, entstehen Emulgatoren, die Mono- oder die allenfalls brauch-
baren Di-Ester. Aus dem Sorbit entsteht durch Abspaltung eines Wasser-
moleküls Sorbitan, aus diesem durch nochmalige Abspaltung wieder eines
Moleküls Sorbit. Durch Einführung von Polyäthylenoxydgruppen kann
weiter variiert werden. Aus allen Varianten sind Ester herstellbar. In
dieses Füllhorn der Möglichkeiten haben nun die einzelnen Firmen ge-
griffen und zahlreiche wertvolle Produkte hergestellt.

In den ersten Nachkriegsjahren haben sich insbesonders die amerikanischen und englischen Firmen mit solchen Emulgatoren beschäftigt und
ihren Einsatz in der Pharmazie ermöglicht. Bekannt als gute Emulgatoren der Technik waren sie längst und die IG-Farbenindustrie Ludwigshafen nahm schon in den Jahren 1930 und 1932 zahlreiche Patente, die

---

[1] BIEDEBACH: Dtsch. Apotheker-Ztg. **93**, 20 (1953).

sich mit der Herstellung dieser Emulgatoren und deren Verwendung in Salben, Cremes und Hautfunktionsölen beschäftigten (Cremophore).

Nun soll der Versuch gemacht werden, die Nomenklatur der Fabrikmarken dieser Emulgatoren etwas ordnend darzustellen.

Die Croda London nennt ihre Emulgatoren auf Sorbitbasis *Crills* (Nr. 1—6).Watford, ebenfalls London bezeichnet sie als *Estax*.

Die Atlas Powder in Wilmington Delaware nennt ihre den Crills ähnlich gebauten Ester Emulgatoren *Spans* und *Tweens*. Es ist nun so, daß z. B. Sorbitan Monolaurat als Crill Nr. 1, Arlacel Nr. 20 und Span Nr. 20 im Handel ist. Crill Nr. 123 ist gleichzeitig Tween 7596 D. SPALTON[1] bringt darüber eingehende Tabellen.

Nonex sind Polyäthylenglykolfettsäureester (TERNANSEN[2]).

Die Tweens, Sorbitanester verschiedener Fettsäuren, sind öllöslich, die Spans, deren Polyoxyalkylenderivate, wasserlöslich. Sie sind Netz-Suspensions- und Emulgiermittel der Pharmazie. STOKLASA u. OHMART[3] haben Span und Tween 20, die als Fettsäurekomponente Laurylsäure enthalten, für die Rezeptur besonders empfohlen. Sie zeigten die unverträglichen Mischungen (Silbersalze, Tannin) auf und gaben Rezepte zur Herstellung von wäßrigen Menthol-, ätherischen Öl- und Harzlösungen, die durch Vermittlung der beiden Stoffe hergestellt werden können. Glycerin läßt sich durch Zugabe von 2 % Span 20 mit Vaselin verarbeiten.

Weitere wichtige Angaben über diese Präparate finden wir bei HALPERN u. SQUEGLIA[4].

SCHÖLLER[5] gab einen Überblick über die *Variationsmöglichkeiten des Polyoxyäthylierungsgrades* und seinen Einfluß auf die Fett-, bzw. Wasserlöslichkeit solcher Produkte, an denen auch in Europa kein Mangel mehr ist. Zu nennen sind die *Cremophore* der BASF Ludwigshafen a. Rh., *Lanogen C* und die im Amerikanischen Arzneibuch aufgenommenen Polyglykol 400-Stearat und -Polysorbate 80 gehören hierher.

Die Toxicität solcher Produkte wurde von SOEHRING[6] eingehend studiert. Die nichtionogenen Emulgatoren sind säurebeständig. Da sie keine salzbildenden Gruppen besitzen, werden sie von Kationen nicht ausgefällt und können zur Herstellung von Salben und Emulsionen mit derartigen Wirkstoffen herangezogen werden.

Zu beachten ist, daß die Wasserlöslichkeit beim Erwärmen nicht wie sonst meist steigt, sondern durch Dehydratisierung geringer wird.

Eine Anzahl dieser Emulgatoren hat neben ihrer Emulgierwirkung auch noch anaesthetische Kraft. SCHÖLLER beschreibt derartige Produkte. SOEHRING, VONKENNEL u. LÜTZENKIRCHEN[7] haben darüber

---

[1] SPALTON: Pharmac. Emulsions and Emulsifying Agents London 1953.

[2] TERNANSEN: Arch. for Pharmaci og Chem. **61**, 309 (1954).

[3] STOKLASA and OHMART: J. Amer. Pharmazeut. Assoc., Pract. Ed. **12**, 23 (1951).

[4] HALPERN and SQUEGLIA: J. Amer. Pharmazeut. Assoc., Sci. Ed. **38**, 290 (1949).

[5] SCHÖLLER: Textil-Rdsch. **5**, 77 (1950).

[6] SOEHRING: Arch. exper. Path. u. Pharmakol. **212**, 129 (1950). — Arch. internat. Pharmacodynamie **86**, 100 (1951). — Derselbe mit BECHER: Dtsch. Z. Nervenheilk. **164**, 381 (1950).

[7] VONKENNEL u. LÜTZENKIRCHEN: Med. Klin. **1952**, 618.

berichtet. Es gibt auch schon anaesthesierende Salben auf dieser Basis, über die im einschlägigen Kapitel berichtet werden soll.

Auf dem Gebiete der anorganischen Kolloide ist man in den letzten Jahren nicht weiter fortgeschritten. Der Bentonit hat seine Bedeutung behalten können, die anderen kriegsbedingten Ausweichrezepte sind verschwunden.

Bei den organischen Schleimen mit ihren starken Quell- und Wasserbindungsvermögen ist es schwer, die Verwendung als Salbenbase, -Verdicker und -Emulgator auseinanderzuhalten. Insbesondere die natürlichen Pflanzenschleime sowie die Celluloseäther können je nach Konzentration in allen 3 Fällen angewandt werden. Im Ausland haben sich die *Alginate* weiter bewährt und stehen auch im Ansehen, das zeigen auch neue Arbeiten.

HUSTON, RIEDEL, MURRAY, GROVES u. BOYLE[1] haben einen mit vielen Arzneimitteln verträglichen Alginatschleim nach folgendem Rezept ausgearbeitet:

Rp.: Calc. Chlorat. 0,15
        Natr. alginic. . . . . 2,0—3,0
        Nipagin M 0,2
        Glycerin 45,0
        Aqua. dest. ad 100,0

Man mischt das Alginat mit Glycerin und fügt die wäßrige Lösung von CaCl$_2$ und Nipagin hinzu. Dann wird einige Stunden bis zur Homogenität gerührt.

Uns erscheinen die Alginate mit ihrer Empfindlichkeit gegen zahlreiche Salbenbestandteile, mit ihrer Neigung zum Schimmeln, ihrem dumpfen Geruch und Geschmack eher ein Rück- denn ein Fortschritt zu sein.

Die Cellulose-Äther und -Ester können einerseits hier als Emulgatoren, andererseits auch als Verdickungsmittel und Salbenbasen behandelt werden.

Über derartige Salben wurde insbesondere in der Chirurgie (STÖHR) bereits geschrieben, in der Ophthalmologie (FRIEDE[2]) wird noch berichtet werden. Das Filmbildungsvermögen der Verbindungen, die als Tylose, Adulsion, Polyfibron im Handel sind, kann wertvoll werden, da man auf dieser Basis Gewerbeschutzsalben entwickeln kann. Der eine von uns gab folgendes Rezept[3] an:

Rp.: Polyfibroni (Adulsioni) 4,0
        Glycerini (Karioni Merck) 30,0
        Wasser ad 100 100,0

FRIEDE hat *Polyfibron Spezial C*, den österreichischen Celluloseglykoläther, als Augensalbengrundlage geprüft. 8—10%ige Lösungen erwiesen sich als brauchbar.

---

[1] HUSTON, RIEDEL, MURRAY, GROVES and BOYLE: Canad. Pharm. J. **1949**, 32.
[2] FRIEDE: Schweiz. Apoth.Ztg. **89**, 769 (1951). — Pro Medici **6**, 230 (1952).
[3] CZETSCH-LINDENWALD: Vortragsbericht der 2. österreich. Tagung f. Arbeitsmed. Wien 1952.

Soos u. Koch[1] haben dasselbe Präparat als Bestandteil von Schüttelmixturen eingehend geprüft und weisen darauf hin, daß es auch als Bestandteil von hydrophilen Salben brauchbar sei. Wannenmacher[2] befürwortet die Aufnahme in das neue österreichische Arzneibuch.

Casein besitzt sowohl Emulgator als auch salbenähnliche Eigenschaften
und kann in beiden Fällen verwendet werden. Curtis[3] schlägt vor, teilweise hydrolisiertes Casein auf Verbrennungswunden zu streichen und
dann mit Zinkacetat getränkter Gaze abzudecken. Das Zink-Eiweiß-Gel
bildet eine semipermeable Membran, die lokale Zellschädigungen und
Schock verhindert.

Wir kommen nun zu Salbenbestandteilen, deren Emulgierwirkung
gegenüber der Eigenschaft eines Verdickungsmittels bzw. einer Salbenbase immer weiter in den Hintergrund rückt.

Polyacrylsaure Salze. Die Alkali-, Ammonium- und Oxalkylamin-Salze
der Polyacrylsäure sind wasserlösliche Kolloide, die schon in geringer
Konzentration zugesetzt, die Viscosität bedeutend steigern. Sie finden
insbesondere als Gleitmittel (z. B. zur Massage) Verwendung. Trocknen
sie hier im Laufe der Behandlung ein, so kann die Gleitwirkung durch
Auftropfen von wenig Wasser jeweils wiederhergestellt werden. Benk[4]
beschreibt Luviskol 180 der BASF, das auch wir in einfacher Lösung als
Massagegleitmittel verwendeten.

Die Polyvinylpyrrolidone besitzen ähnliche Eigenschaften wie die
Acrylverbindungen, da sie aber keine salzbildenden Gruppen aufweisen,
sind sie gegen mehrwertige Kationen und Säuren indifferent. Die ver-
dickende Wirkung ist geringer, die sonstige pharmazeutische und therapeutische Bedeutung aber größer. Diese Polymerisate, die als Kollidone
im Handel sind, geben nämlich die Basis für Blutersatzmittel (Periston)
ab.

Polyvinylalkohol ist gleichfalls Verdickungsmittel, Gleitmittel und in
Kombination von Polyäthylenoxyden Salbenbasis. Bockmühl u. Middendorf[5] sowie Meyer[6] berichteten darüber (Mowiol Hoechst).

Damit ist das Kapitel über die Neuerungen auf dem Gebiete der Emulsionen abgeschlossen. Wir kommen nun zu neuen Stoffen, die wasserlösliche Salben ergeben.

Wasserlösliche Salben

Schleime

Diese Gruppe von Arzneimitteln rekrutiert sich aus Pflanzenschleimen,
Cellulosederivaten und Eiweißgelen (Gelatine).

---

[1] Soos u. Koch: Scientia Pharm. **19**, 4 (1951).
[2] Wannenmacher: Österr. Apoth.-Ztg. **26**, (1952).
[3] Curtis: J. Amer. Med. Assoc. **147**, 741 (1950).
[4] Benk: Seifen, Öle, Fett, Wachse **76**, 508 (1949).
[5] Bockmühl u. Middendorf: Pharmazie **4**, 264 (1949).
[6] Meyer: Pharmazie **4**, 262 (1949).

Der Übergang zum vorstehenden Kapitel wird hier deutlich. Zur Herstellung von Pektinpasten finden sich in den NF. VIII folgende Vorschriften:

Pasta Pectini NF. VIII

	dick	dünn
Pektin	75,0	35,0
Glycerin	180,0	70,0
Acid. benzoic.	2,0	2,0
Isotonische „Dreichloridlösung"	ad 1000,0	ad 1000,0

(NaCl 8,6; KCl 0,3; CaCl$_2$ sicc. 0,33; H$_2$O ad 1000 cc.) 3 in 825 cc von 4 bei 100° C lösen. 1 + 2 homogen mischen, 3 + 4 heiß dazugeben und rühren, bis alles homogen wird.

Für die Herstellung von Alginaten sind folgende Vorschriften von Interesse. Sie sollen als Beispiel dienen:

Glyceringelee

Aqua dest.	470,0
Glycerin	250,0
Borax-Glycerin 12%	240,0
Manucol IV	40,0
(Na-Alginat)	

Manucol in kleinen Anteilen unter intensivem Durchmischen zugeben, 2 Tage quellen lassen.

Alginat-Schutzcreme

Manucol T (20%ig)	500,0
(Triäthanolaminalginat)	
Glycerin	30,0
Formaldehydum solutum 38% . . .	2,0
Oleum profumatum	2,0
Aqua dest. . . . . ad	1000,0

Eine Salbengrundlage aus Natrium-carbo-oxy-methyl-cellulose, Wasser und Glycerin ist gut haltbar, gut abwaschbar und verursacht keine Hautreaktion (YALCINDAG[1]).

Die älteste und bekannteste wasserlösliche Salbe ist zweifelsohne die *Glycerinsalbe* mit allen ihren Vor- und Nachteilen. RUON[2] hat versucht, die in den Arzneibüchern angegebenen Vorschriften zu verbessern. Ihm zufolge werden 10 Teile Weizenstärke mit 15 Teilen kochendem Wasser übergossen und zu einer teilweise verkleisterten Paste verarbeitet. Die Paste wird nun sofort mit 90 Teilen Glycerin von 90 bis 100° C in kleinen Mengen sorgfältig verrieben bis sie homogen milchig trüb ist. Das Ganze wird auf 90 bis 105° C erhitzt, bei dieser Temperatur tritt spontan völlige Verkleisterung ein. Das Präparat ist in wenigen Minuten fertig und entspricht den Anforderungen des Schweizer Arzneibuches.

Die Vorteile dieser Vorschrift liegen also ausschließlich auf dem Gebiet der Galenik, die sonstigen Eigenschaften werden natürlich nicht beeinflußt.

Einer der Hauptnachteile ist die große osmotische Kraft der Glycerinsalbe, die sie ungeeignet macht, auf Wunden oder ekzematisierter Haut

---

[1] YALCINDAG: Ref. Chem. Zbl. **1953**, 736.
[2] RUON: Schweiz. Apoth.-Ztg. **89**, 785 (1951).

eingesetzt zu werden. Gewisse Änderungen ergeben sich, sofern man statt dem Glycerin einen anderen mehrwertigen Alkohol mit anderen Eigenschaften verwendet. Die Osmose kann diesen Salbentyp auf der Haut in Schleim und Wasser zerfallen lassen.

Unter den deutschen Ärzten hat sich insbesondere SCHNEIDER[1] mit dem Thema Glycerinaustauschstoff beschäftigt, ihm zufolge ist Glycerin nach wie vor unerreicht. Ein Austausch durch Glykole, insbesondere Triäthylenglykol, sollte erst nach nochmaliger Prüfung erwogen werden.

1, 2, 4, Butantriol wird nach LOESER[2], und LOESER u. Mitarb.[3] gut vertragen, es ist nicht giftiger als Glycerin und kann auf Grund der Prüfung in besonderen Fällen eingesetzt werden.

Sorbit = (Karion Merck), ein 6wertiger Alkohol, kommt in etwa 80%iger wäßriger Lösung als Glycerinaustauschstoff in verschiedenen Markenbezeichnungen in den Handel. Es handelt sich hier um einen Austausch und nicht um einen Ersatzstoff. Der Unterschied liegt darin, daß ein Ersatz dort verwendet werden muß, wo das Original nicht vorliegt, ein Austauschstoff hingegen hat nicht völlig gleiche, sondern abgewandelte Eigenschaften und kann im einen Fall mit Vorteil, im anderen nur nachteilig oder überhaupt nicht eingesetzt werden. Jedenfalls muß ein Austauschstoff eingehend studiert werden, um seine Eigenschaften genau zu erkennen. So hat seinerzeit die Schweizer-Arzneibuchkommission den Schluß gezogen, daß Sorbit zu teuer und schon deshalb ungeeignet sei. Der Preis sank mittlerweile unter den des Glycerins, bei dem wir leider immer wieder erleben, daß es fehlt, sobald es irgendwo politisch kriselt. NEUWALD[4], GOLDSTEIN[5], KWOCZEK u. MOERS-MESSMER[6], sowie CZETSCH-LINDENWALD[7] haben eingehende Versuche mit *Karion Merck* angestellt. Gegenüber dem Glycerin ist Sorbit weniger hygroskopisch, es verursacht dementsprechend einen geringen osmotischen Strom. Es trocknet aber doch etwas ein; will man also nicht eintrocknende Glycerin-Salben oder Zinkleime herstellen, so muß man Glycerin und Karion aa partes verwenden.

Nun wieder zu einem Glykol, dem *1, 2, Propylenglykol*, das im Kriege als bestes erkannt wurde. Seither hat es Freunde und Gegner gefunden. HEINE[8] u. Mitarb., ferner GRECO[9] berichten darüber. Ihnen zufolge kann es sogar injiziert werden. Es eigne sich auch gut zur Feuchthaltung hydrophiler Salben.

GERSHENFELD u. WITLIN[10] stellen auf dieser Basis Jodlösungen mit 2% Jod und 2,4% Jodnatrium her und empfehlen diese Mischung, die

---

[1] SCHNEIDER: Fette u. Seifen **52**, 7 (1950).

[2] LOESER: Z. exper. Med. **115**, 22 (1949).

[3] BORMANN, LOESER u. MAYER: Arch. exper. Path. u. Pharmakol. **210**, 361 (1950). KOPF, LOESER u. MAYER: Arch. exper. Path. u. Pharmakol. **212**, 405 (1951).

[4] NEUWALD: Pharmaz.-Ztg. **1952**, 4.

[5] GOLDSTEIN: J. Amer. Pharmaceut. Assoc. Pract., Ed. **12**, 709 (1951).

[6] KWOCEK u. MOERS-MESSMER: Z. Hautkrkh. **12**, 372 (1952).

[7] CZETSCH-LINDENWALD: Dtsch. Apotheker-Ztg. **94**, 21 (1954).

[8] HEINE u. Mitarb.: Amer. Soc. Hocp. Pharm. **7**, 8 (1950).

[9] GRECO: J. Amer. Pharmaceut. Assoc. Pract., Ed. **12**, 536 (1951).

[10] GERSHENFELD and WITLIN: J. Amer. Pharmaceut. Assoc. Sci., Ed. **39**, 489 (1950).

50—70% Wasserzusatz verträgt wegen ihrer Billigkeit und auf Grund des guten Haftvermögens auf der Haut. Das Propylenglykol ist das ungiftigste aller Glykole, es hat daher Eingang in die USP. XIV gefunden.

Seifenhaltige Salben und salbenähnliche Produkte

Ein modernes Naftalan scheint Selebin zu sein, das Ammonsalz einer Sulfonsäure aus der Naphthazubereitung. Es handelt sich um ein wasserlösliches Pulver, das 0,1—0,25%ig in Wasser gelöst als Umschlag oder 5%ig als Salbe und zwar ohne Vaselin-Zusatz, von SELISSKY u. LEBERDEW[1] bei der Ekzembehandlung eingesetzt worden ist.

Silicone

Die Organopolysiloxane sind unter dem Namen *Silicone* bekannt. Es handelt sich um hochmolekulare, durchwegs synthetisch gewonnene Stoffe. Sie setzen sich bis zu 70% aus Silicium und Sauerstoff zusammen, der kleinere Rest besteht aus Kohlen- und Wasserstoff, meist in Form von Methyl- und bisweilen Phenylgruppen. Die Siliciumatome sind nicht direkt miteinander verbunden; stets schlägt ein Sauerstoffatom eine Brücke, so daß Ketten O—Si—O—Si—O⁻ entstehen. Die Restvalenzen werden durch die organischen Gruppen besetzt, so daß durchwegs gesättigte Verbindungen zustande kommen.

Die Zusammensetzung aus organischen und anorganischen Material macht sie in ihren Eigenschaften vielfach auch zu Mitteldingen beider Welten.

Die Silicone sind ungiftig, unverdaulich und werden in der Technik außerordentlich viel verwendet. Es gibt je nach dem Molekulargewicht flüssige, halbfeste, gummi- und lackartige Silicone. Uns interessieren vorwiegend die beiden ersten Arten, die als Salben und Salbenbestandteile eingesetzt werden können. Die Einführung der Silicone geht in Amerika auf die Dow Corning Corporation Midland Mich. USA, in Deutschland insbesondere auf die Firmen Alexander Wacker in München und Bayer/Leverkusen zurück.

Die wichtigsten dermatologischen Arbeiten stammen von TALBOT[2] u. Mitarb., in Deutschland von VONKENNEL[3] und aus dessen Klinik. Der Hauptgrund für die Empfehlung der Siliconsalben liegt in der völligen Indifferenz des Grundstoffes. Es handelt sich sozusagen um Überparaffine, im Sinne des Namens par-affin, die die Haut nicht reizen und die Eigenschaften der Paraffine, abschirmend einen Film zu bilden, in verstärktem Maße aufweisen.

An sich sind diese Eigenschaften gar nicht so begrüßenswert, denn man hat doch gerade den Paraffinen ihre Hautfremdheit, die Filmbildung,

---

[1] SELISSKY u. LEBEDEW: Vestnik. Venerol. 4, 41 (1951).

[2] TALBOT, MAC GREGOR and CROVE: J. Invest. Dermat. 1, 125 (1951).

[3] VONKENNEL: Tagung der Nordwestdeutsch. Dermat. Ges. Kiel 1951. — Arzneimittel-Forsch. 4, 577 (1954). — Dtsch. Apotheker-Ztg. 91, 42 (1951). — Pharmaz. Ztg. 89, 310 (1953).

übel genommen und benötigte vielfach eine Salbe, die mit der Haut eine Emulsion bildet, das heißt eindringt. Das oberflächlich filmbildende-par-affine des Vaselin war unerwünscht. Siliconsalben haben aber darüber hinaus noch Eigenschaften, die sie zwar nicht universell, so doch bei vielen Anwendungsgebieten — trotz des außerordentlich hohen Preises — indiziert sein lassen. Vor allem sind sie Bestandteile filmbildender Gewebe- und Gewerbeschutzsalben bei bestimmten Noxen.

Die bisherigen Versuche und Untersuchungen sind richtungsgebend für die Anwendungsgebiete.

ZINGSHEIM u. LANGE[1] prüften die Strahlendurchlässigkeit salbenartiger Silicone und zeigten, daß diese im sichtbaren Ultraviolett-Licht vollkommen strahlendurchlässig sind, während im Bereich der Grenzstrahlen das Silicon besser filtert, so daß es an Stelle von Pasta Zinci und Lanolin empfohlen werden kann. ZINGSHEIM[2] prüfte ferner das Reductionsvermögen verschiedener Salbengrundlagen mit Hilfe von Triphenyltetrazoliumchlorid. Bei Anwesenheit reduzierender Substanzen geht das farblose Salz in das rote Formazan über.

SIEBERT[3] zeigte in Lagerungsversuchen, daß nahezu alle Penicillinsalben, mit 2 Ausnahmen, schon nach 7 Wochen von 1000 auf 10 E pro Gramm abgesunken waren. Beim Vaselin waren nach $3\frac{1}{2}$ Monaten noch 150 E pro Gramm, bei der Siliconpaste 500 E festzustellen. Hier sind also zweifellos Silicone am Platze, zumal diese Salben, wenigstens am Plattentest, genau so wirksam sind wie andere Grundlagen. KLEINE-NATROP[4] bestimmte die thermische Wirkung salbenartiger Silicone auf der Haut. Es zeigt sich kein besonderer Unterschied gegenüber den üblichen fetten Salbengrundlagen. VONKENNEL empfiehlt die Siliconsalben hauptsächlich, weil sie zum Unterschied zu den meisten Salbengrundlagen so hautfremd sind, daß keine Acanthose beobachtet wird. Paraffin und weißes Vaselin sind verhältnismäßig schlechter verträglich und verursachen starke Acanthose, gelbes Vaselin wird besser vertragen, es tritt auch nur geringere Acanthose auf, ähnlich wie bei Woll- und Schweinefett. Keine Acanthose verursachen Polyäthylenglykole und die salbenartigen Silicone.

SCHOOG[5] prüfte wasserklare, zähflüssige Methylsilicone ($R_2 \cdot SiO)x$, die eine homologe Reihe linearer Polymerer darstellen und als Schmiermittel hervorragende Eigenschaften besitzen, auf ihre Hautverträglichkeit. An 109 Personen, davon 93 Hautkranken verschiedener Genese wurden Läppchenproben durchgeführt und nie eine Reizung beobachtet. Andere Autoren erhielten ungünstigere Ergebnisse, die ihre Ursache aber nicht in der Substanz, sondern im ungeeigneten Fett haben.

Silicone allein sind zu teuer, doch wurden schon verschiedentlich Mischpasten empfohlen. Die beiden PLEIN[6] verwendeten Siliconöle und

[1] ZINGSHEIM u. LANGE: Strahlentherapie 90, 638 (1953). — J. f. med. Kosmet. und Sexologie 5, (1952).
[2] ZINGSHEIM: Med. Klin. 1953, 883.
[3] SIEBERT: Die Medizinische 51, 1631 (1952).
[4] KLEINE-NATROP: Fette u. Seifen 54, 675 (1952).
[5] SCHOOG: Arzneimittel-Forsch. 1, 4 (1951).
[6] PLEIN and PLEIN: J. Amer. Pharmaceut. Assoc., Sci. Ed. 42, 79 (1953).

fanden gute Verträglichkeit mit einem Großteil der in der Dermatologie verwendeten Medikamente und Vehikel. Mit Mineralwachsen, Kaliseifen, Carbowaxen und Glycerin lassen sie sich nicht verarbeiten und mit pflanzlichen Ölen, einigen Säuren, Paraffinum liquidum und bestimmten Alkoholen nur unter Beiziehung von Emulgatoren mischen. Die Autoren entwickelten 6 Salbengrundlagen, die im Vergleich mit USP.-Präparaten günstig abschnitten. Sie werden deshalb als geeignete dermatologische Vehikel betrachtet, können jedoch in Augensalben nicht verwendet werden.

ELSON[1] teilte mit, daß in Siliconen inkorporierte Medikamente wesentlich gleichmäßiger an die Haut abgegeben werden können als aus anderen Trägersubstanzen. Der Hauptvorteil der Siliconölbeimischung (bis zu 70%) besteht darin, daß das umliegende normale Gewebe kaum angegriffen wird. Vorschriften zur Herstellung bringt ferner LEBERL[2] sowie ZOPF[3].

TALBOT u. Mitarb. untersuchten die Wirksamkeit der Silicote (Silicote Corporation of OSK Kosch Wiskonsin USA). Es handelt sich hier um eine 30%ige Mischung eines Siliconöles mit Vaselin. Die Salbe erwies sich als wirksam bei der Behandlung von Decubitus, Reizung infolge Colostomie, Intertrigo hatte also die Indikation der Decksalben überall dort, wo Schutz vor Feuchtigkeit indiziert war. Mitunter konnten Versager beobachtet werden, so daß eine Siliconschutzpaste die üblichen dermatologischen Externa nicht ersetzen kann. Die Autoren bevorzugten bei ähnlichen Indikationen eine Zinkpaste mit 30—50% Silicon. Für den Hautschutz ist das große Haftvermögen der Methylpolysiloxane hervorzuheben, das von ihrer Viscosität anhängig ist. Die Siliconöle haben ohne Verschnitt mit anderen Trägersubstanzen nur eine geringe Verweildauer auf der Haut. Die günstigsten Lösungsbedingungen finden sich bei Benzol, Toluol, Benzin, Äther und Aceton. Der Hautschutz wird sich besonders gegen Rostschutzmittel, wasserlösliche Kühlflüssigkeiten, unlösliche Schneideöle, Maschinenleichtöle, Schwefelsäuredämpfe und Metallstaub richten. (Versuche mit Pro-Derma gegen Petroleum, Lackverdünnungsmittel, Handwaschmittel und Entfetter verliefen negativ.)

Siliconhaltige Schutzsalben gegen industrielle Dermatosen und Kontaktdermatitiden sind weitere Konvikone Creme der Abott Laboratories. *Konvikone* ist eine plastifizierte Kombination von Silicon, Nitrocellulose und Ricinusöl, die in eine nichtfettige Salbengrundlage suspendiert ist. *Proderma* enthält 52,5% Silicon und ist ebenfalls weder fettend noch klebend. Es gibt noch 12 amerikanische Hautschutzsalben, deren Zusammensetzung aber nicht näher bekannt sind. Ein entsprechendes deutsches Präparat ist *Silazulon*, des Chemiewerkes Homburg, das aber nicht als Gewerbeschutzsalbe empfohlen wird.

Silicoderm (Bayer) enthält Silicon in einer Ö/W-Emulsion und hat sich in der Praxis als gutes Schutz- und Pflegemittel der Hände bewährt.

---

[1] ELSON: USA-Patent Nr. 2614962 (1952).
[2] LEBERL: Kosmetik, Parfum, Drogen-Rdsch. Mai/Juni 1954.
[3] ZOPF: The Jowa Pharmazist 1953, 6.

VONKENNEL wies auf der ersten Arbeitsmedizinischen Tagung in Düsseldorf (1952) darauf hin, daß es falsch sei, in stark verschmutzten Betrieben Vaselin zu verwenden, da dieser Grundlage eine starke acanthogene Wirkung zukommt. Gerade hier und bei Schmieröldermatosen, worüber SCHNEIDER u. WAGNER[1] berichteten, soll man Siliconöle verwenden. Die Indikationsgebiete sind also bereits umrahmt, wenn auch der Umfang geringer ist, als man anfangs dachte.

Ein Überblick über die Verwendung von Siliconen wird auch von POLEMANN u. FROITZHEIM[2] gegeben. Bei tierexperimenteller Prüfung ergaben sich nach subcutaner und intraperitonealer Anwendung von Siliconimplantaten lediglich unspezifische Fremdkörperreaktionen und nach Augeninstillationen vorübergehende Rötungen der Conjunctiven. Eine Tabelle über die Anfärbbarkeit der Haut mit Textilfarbstoffen nach Vorbehandlung mit Siliconsalben ist in der Arbeit von POLEMANN u. FROITZHEIM angegeben. Die Autoren weisen darauf hin, daß eine endgültige Stellungnahme über den Wert der Silicone als Hautschutzsalben noch verfrüht ist, bei zielbewußter Anwendung aber ein Fortschritt erreicht werden kann.

GIRAUDEAU u. AMADO[3] haben bei verschiedenen Hautaffektionen in etwa 60% der Fälle eine Siliconhaltige Schutzpaste, die aber nicht auf Wunden und ins Auge aufgetragen werden darf, verwendet. Es muß hier daran gedacht werden, daß der festhaftende Überzug Beeinträchtigungen (JAUSION[4]) der Hautatmung verursacht.

Siliconöle zur Salbentherapie werden zur Zeit von der Wacker Chemie Ges. m. b. H., München und auch von Bayer/Leverkusen hergestellt. Eine eingehende Arbeit, die einen Überblick bringt, stellten LEISS u. PETER[5] zusammen. Über Silicoderm berichtet HUSSONG[6].

Eine weitere Übersicht gibt O. LEBER[7]. Eine raumtemperierte Siliconpaste gibt nur für kurze Zeit einen Angleich-Kühleffekt. Der anschließende Thermoeffekt hat eine eben noch registrierbare Erwärmung der Haut zur Folge, die geringer als bei Vaseline ist.

Zur Entfernung von überschüssigem Keratin von Warzen und Hühneraugen werden Silicon-haltige Lösungen empfohlen.

Für die Kosmetik werden stabile Mischungen oder Emulsionen mit Cetylalkohol, Glycerinmonostearat, Wollfett, Polyäthylenglykol 400-Monostearat, Stearinsäure, Sterylalkohol genannt[8].

Interessant sind die Beobachtungen von VOGT[9]. Der Autor stellt fest, daß die Peroxydentwicklung in Vaselin, Lanolin und Schweinefett durch 1—3% Silicon deutlich verzögert wird.

---

[1] SCHNEIDER u. WAGNER: Berufsdermatosen 2, 207 (1954).
[2] POLEMANN G., u. G. FROITZHEIM: Berufsdermatosen 3, (1953).
[3] GIRAUDEAU u. AMADO: Pres. Medical 32, 693 (1954).
[4] JAUSION: Pres. Medical 32, 693 (1954).
[5] LEISS u. PETER: Arzneimittel-Forsch. 4, 571, 614, 664 (1954).
[6] HUSSONG: Die Medizinische 1477 (1954).
[7] LEBER, O.: Kosmetik, Parfum, Drogen-Rdsch. Mai/Juni 1954.
[8] NN: J. Amer. Pharmaceut. Assoc. 42, 79 (1953).
[9] VOGT: Pharmaz. Z.-halle Dtschld. 94, 166 (1955).

Welche Grundlage ist die beste?

Der Acanthosetest

Der Acanthosetest, den VONKENNEL[1] ausarbeitete, ist zur Klärung
dieser Frage ein weiterer Schritt. Er beruht darauf, daß „hautfremde"
Salbengrundlagen auf der Meerschweinchenhaut Acanthose und Ödeme
verursachen, indifferente hingegen keine Reaktion auslösen. BERRES[2] hat
eine große Anzahl von Grundlagen getestet. Ein Acanthosetest der
kleiner als 2 ist, kann als gut, über 2 als schlecht beurteilt werden. Aus
diesen Versuchen kann man folgende Tabelle zusammenstellen, wobei zu
bemerken ist, daß der Faktor 1 das Optimum darstellt.

Substanz	Acanthose Faktor	Verträglichkeit
Ol. paraffini	3,2	different
Sesamöl.	1,2	gut
Wollfett	1,2	gut
Schweinefett	2,0	mäßig
Eumolloin B 53	1,8	gut
Eumolloin cum aqua	1,2	gut
Carbowax	1,2	gut
Siliconsalben	1,0	gut
verschiedene Vaselinproben . . .	1,4—7,9	mäßig-schlecht
Silicone	1,0—1,2	gut

Der Acanthosetest wird im Tierversuch getestet, die Ergebnisse am
Menschen laufen aber parallel, so daß sie übertragen werden können.

Zweifellos ist die Bestimmung des Testes heute mit anderen zu einem
Kriterium der Salbenbeurteilung geworden.

SCHAAF u. GROSS[3] kommen daher zu folgender Zusammenfassung: Die
experimentellen Ergebnisse stehen mit den klinischen Erfahrungen
hinsichtlich Verträglichkeit der untersuchten Rohstoffe und Rohstoff-
mischungen in einer solchen Übereinstimmung, daß mit der ausgearbeiteten Methode, durch systematische Versuche am Meerschweinchen, die
Prüfung der Hautindifferenz von Salbenrohstoffen erweitert werden
kann.

Trotzdem wird man die Methode natürlich nicht allein zur Wertung
heranziehen. Zunächst einmal hat sie nur Bezug auf die gesunde Haut
und dann gilt sie nur für die jeweils vorliegende Probe.

Das erste Argument ist zweifellos das schwerwiegendere. Es gibt doch
immerhin zahlreiche Hautkrankheiten, die durch ihre Sekrete die einzelnen Salben ablösen, so daß diese trotz des niederen Acanthosetestes
nicht vertragen werden oder den Abschluß durch Silicone nicht als
günstig erscheinen lassen.

Andererseits gibt ein ungünstiger Faktor eines Anteiles einer Salbe
noch keinen Anhaltspunkt, ob auch das Gemisch ungünstig reagiert.

[1] VONKENNEL: Arzneimittel-Forsch. 4, 574 (1954). — Dtsch. Apotheker-Ztg. 91,
42 (1951). — Pharmaz. Ztg. 89, 310 (1953).
[2] BERRES: Arch. f. Dermat. 194, 259 (1952).
[3] SCHAAF u. GROSS: Dermatologica (Basel) 106, 170, 357 (1953).

Dies zeigt die Faktorenverschiebung vom Eumolloin zum wäßrigen Produkt.

Zur Beurteilung fertiger Cremes schlägt TERMANSEN[1] die Überprüfung durch 5 Personen vor.

Physikalische Eigenschaften der Salben und Pasten

Es ist nun über Versuche einer systematischen Einteilung von Salben zu berichten. MÜNZEL[2] hat, wie einleitend berichtet, seine Systematik der Salben nach galenischen Gesichtspunkten ausgearbeitet. Hierbei werden sie als plastische Gele zur cutanen Applikation definiert. Auch für Vaselin und für Fette, über die nur wenige kolloid-physikalische Untersuchungen vorliegen, wird der Gelcharakter zu belegen versucht. Während die bisherigen Einteilungen von Salben auf dermatologische Begriffe hin ausgerichtet sind, ging Münzel in seiner vorläufigen Systematik galenisch vor und unterscheidet zwischen natürlichen, in der Natur vorkommenden Stoffen und Kunststoff-Salbengrundlagen. Die Unterteilung erfolgt nach der chemischen Zusammensetzung.

Mit *Penetrationsstudien an Salbengrundlagen* beschäftigten sich H. TRONNIER u. H. WAGENER[3]. Die Autoren benutzten zur Markierung von Salbengrundlagen *radioaktiven Schwefel* (S. 35). Es konnte festgestellt werden, daß sich die Konzentration in den einzelnen Hautschichten für Vaseline, Eucerin und Adeps suill. nicht sehr unterschiedlich verhält. daß aber die beiden letzgenannten etwa 4 mal so schnell in die Haut eindringen. Ferner wurden Untersuchungen über die Verteilung in der Haut in Abhängigkeit von der Zeit angestellt.

Es ergab sich weiter, daß eine einmalige gründliche Reinigung der Haut mit einer alkoholischen Lösung einen erheblichen Teil der Salbe in tiefere Hautschichten zu bringen vermag. Dieser Mehranteil entspricht etwa dem Eindringen einer wäßrigen Lösung in die Haut, die auch einen nicht unbedeutenden Wert erreichen kann.

SCHMALFUSS hat gleichfalls die Notwendigkeit erkannt, eine Art Systematik der Salben zusammenzustellen und durch eine Reihe von Arbeiten[4, 5, 6], Ordnung in dieses Thema gebracht. Wenn die Veröffentlichungen auch eigenwillig in Definition, Schreibweise und Auffassung sind, so sei ihnen doch ein eigener Abschnitt gewidmet.

An die Spitze stellt SCHMALFUSS Definitionen:

Salbengrundlagen sind bildsam machende Rohstoffe oder Rohstoffgemische für Salben: z. B. fettartige Stoffe, Glycerin, Schleime, Eiweiße und Gele, diese auch aus dem Steinreich.

Salben sind: auf Haut oder Schleimhaut verstreichbare, unverarbeitete oder mit Wasser, Mittlern (Emulgatoren) Heilmitteln, Duftstoffen oder dergleichen verarbeitete Salbengrundlagen mit zugeordnetem Behandlungs-, Pflege- oder Duftzweck.

---

[1] TERMANSEN: Arch. f. Pharmaci og Chem. 61 309 (1954).
[2] MÜNZEL, K.: Pharm. Acta Helvet. 28, 320 (1953).
[3] TRONNIER, H., u. H. WAGENER: Hautarzt 4, H. 5 (1953).
[4] SCHMALFUSS: Fette u. Seifen 52, 1 (1950).
[5] SCHMALFUSS: Fette u. Seifen 52, 2 (1950).
[6] SCHMALFUSS: Fette u. Seifen 52, 6 (1950).

Es ist jedem Salbenspezialisten schon oft unzweckmäßig erschienen, daß die Emulsionssalben aus den Phasen Öl und Wasser bestehend angenommen werden. SCHMALFUSS weist mit Recht darauf hin, daß diese beiden Anteile nicht richtig definiert sind und daß das eigentliche Charakteristikum „fettlöslich" und „wasserlöslich" sei.

Er schlägt daher Fettlösphase und Wasserlösphase vor und schreibt daher nicht mehr W/Öl, sondern F/W und an Stelle von Öl/Wa nunmehr W/F-Salben. Beim Erarbeiten von Salben aus drei Rohstoffen oder Stoffgemischen sind statt einer Veränderlichen jeweils alle 3, bei 4 Komponenten jeweils alle 4 planmäßig zu untersuchen und die Resultate in ein Dreieck bzw. in einen Tetraeder (Vierflach) einzubauen.

Wir folgen seinen Ausführungen weiter: Beim Dreieck erhält man mit 10 Salben einen vollständigen aber groben Überblick, eine engere mit 28 und einen genauen mit 91 Salben. Meist genügt es aber nach dem oberflächlichen Versuch mit 10 Salben nur das interessierende Gebiet einzuengen.

Es ergeben sich dann verbotene und erlaubte Felder für jede einzelne untersuchte Eigenschaft. Soweit sich die erlaubten Felder bei aufeinander gelegten Dreiecken decken, umgrenzen sie das günstige Gesamtfeld für alle Eigenschaften.

Das Verfahren gestattet, im untersuchten Dreieck die Summeneigenschaften aller möglichen noch nicht untersuchten Salben vorauszusagen und so die günstigste Salbe zu wählen. Das Verfahren ermöglicht (zunächst gedanklich), eindeutig zwischen Summenwirkungen und Ganzheitswirkungen zu unterscheiden.

Für Summenwirkungen gilt:

a) Bei 3 Stoffen sind nur dann alle Seitenmittensalben wirkungsfrei, wenn kein Stoff wirkt, wirkt einer, so ist nur eine, wirken mehr Stoffe, so ist keine Seitenmittensalbe wirkungsfrei.

b) Der Anzahl gleich (oder ungleich) wirkstarker Seitenmittensalben entspricht die gleiche Anzahl gleich (oder ungleich) wirkstarker Stoffe.

c) Wirkstärkeren Seitenmittensalben entsprechen wirkschwächere Stoffe an der Gegenspitze und umgekehrt, weil jeweils ein Stoff von einer Spitze aus auf ihre beiden Nachbar-Seitenmittensalben wirkt.

Die Salben werden planmäßig benannt, so daß sich aus der Zusammensetzung die Nennzahl und der Ort im Dreieck, aus dem Ort im Dreieck die Nennzahl und die Zusammensetzung ergeben.

Das Verfahren bewährte sich über Jahre in Hunderten von Versuchen und ist grundlegend wichtig für Salben und ähnliche Gebiete. SCHMALFUSS erweitert es im Teil 3 (Salbenvierflach) auf 4 Stoffe. Beim Tetraeder erhält man durch 35 Salben einen vollständigen, aber groben Überblick, einen engeren mit 119 Salben. Meist genügt es aber, nach dem groben Überblick nur den fesselnden Raum enger zu belegen.

Es ergeben sich dann wiederum verbotene und erlaubte Räume für jede einzelne untersuchte Eigenschaft. Soweit sich die erlaubten Räume zur Deckung bringen lassen, umgrenzen sie den günstigen Gesamtraum für alle Eigenschaften.

Das Verfahren erlaubt auch im untersuchten Vierflach die Summeneigenschaften aller möglichen noch nicht untersuchten Salben vorauszusehen und so die günstigste Salbe zu wählen. Das Verfahren gestattet (zunächst gedanklich), eindeutig zwischen Summenwirkung und Ganzheitswirkung zu unterscheiden.

Für die Summenwirkung gilt:

Bei der Summenwirkung von 4 Stoffen sind nur dann alle Flächenmittensalben wirkungsfrei, wenn kein Stoff wirkt, wirkt einer, so ist nur eine, wirken mehr Stoffe, so ist keine Flächenmittensalbe wirkungsfrei.

Der Anzahl gleich (oder ungleich) wirkstarker Flächenmittensalben entspricht die gleiche Anzahl gleich (oder ungleich) wirkstarker Stoffe.

Wirkstärkeren Flächen entsprechen wirkschwächere Stoffe an der Gegenecke und umgekehrt, weil jeweils ein Stoff auf seine 3 Nachbarflächen wirkt.

Die Salben werden planmäßig benannt, so daß sich aus der Zusammensetzung die Nennzahl und der Ort im Vierflach, aus dem Ort im Vierflach die Nennzahl und die Zusammensetzung ergeben.

Das Verfahren ist grundlegend wichtig für Salben und andere Gebiete. Das Vierflach empfiehlt sich allgemein, um 4-Stoffgemische zu untersuchen und zu ordnen. Die Arbeiten, deren Wert erst im Original voll erkennbar wird, gewinnen dort durch Tabellen und Zeichnungen natürlich an Verständnis. Die Nomenklatur von SCHMALFUSS verdient Beachtung. Insbesondere die Namen der Phasen und der Ausdruck „rüsseln". Unter Rüsseln versteht er die Eigenschaft einer Salbe, beim Herausziehen eines eingetauchten Glasstabes gleichsam einen weichen Rüssel entstehen zu lassen, dessen Spitze nach dem Abziehen des Glasstabes umsinkt. Diese Eigenschaft ist jeweils an eine bestimmte Wärmegradspanne gebunden und wurde bisher entweder unzutreffend als „Fadenziehen" oder, da es kein Wort gab, durch Umschreibung präzisiert.

In den bisherigen Auflagen haben wir den Versuch gemacht, in einem Diagramm alle Möglichkeiten der Salbenapplikation zusammenzustellen. Das Schaubild hatte eine rechteckige Form, links waren die hydrophilen und rechts die hydrophoben Salben mit allen Übergängen zusammengefaßt. Durch die Vermehrung der Rohstoffe und die Veränderung ihrer Beurteilung in den letzten Jahren, läßt sich heute nicht mehr alles in einem Viereck unterbringen und es ist die Anordnung in einem Sechseck notwendig geworden.

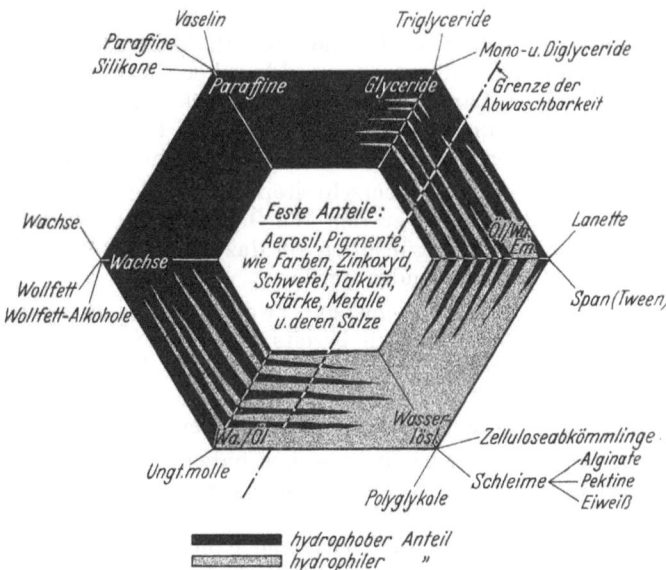

Abb. 1. Salbendiagramm

Links oben befinden sich die hydrophoben Grundstoffe, die als Komponente und für sich allein verwendbar sind.

Links unten stehen die hydrophilen fettfreien Salbengrundlagen, die in gleicher Weise eingesetzt werden können. Dazwischen sind all die Übergänge untergebracht.

Unter den hydrophoben Rohstoffen sind vor allem die Silicone und die Paraffingemische, einschließlich des Vaselins zu nennen. Für sich allein verwendet geben sie vollkommen wasserfreie und wasserabweisende

Salben, durch Zusatz von Emulgatoren kann man ihnen Wasser zufügen und zwar sowohl in Öl in Wasser, wie auch in Wasser in Öl-Emulsionsform.

Im Uhrzeigersinne nach rechts gehend folgen die Triglyceride, die noch stark hydrophob sind, aber immerhin schon durch geringe Anteile von Monoglyceriden, die bei der Herstellung entstehen oder zugesetzt werden, Wasser aufnehmen.

Wir gelangen weiter nach rechts fortschreitend zur Grenze der Abwaschbarkeit, die Tri-, Mono- und Diglyceride werden durch Zusätze zu Öl/Wa-Emulsionen. Hier haben wir die Lanettewachse und die modernen Spans und Tweens als Salbenmulgatoren vor uns. Die Lanettewachssalben hatten insbesondere im Kriege Bedeutung, weil sie aus 90% Wasser und nur einem geringen hydrophoben Anteil bestehend mit wenig Material doch eine Salbentherapie in größerem Umfange gestatten.

Die nächste Gruppe umfaßt die wasserlöslichen Salben, die ohne weiteren Zusatz als Schleimhautsalben verwendet werden können und deren filmbildende Eigenschaften in der Gewerbehygiene Bedeutung besitzen.

Eine eigene Gruppe bilden hier die Polyäthylenoxyde (Carbowaxe), die darüber hinaus auch auf gesunder und kranker Haut angewandt aber in ihrem Wert in vielen Ländern noch nicht voll erkannt worden sind. Die Celluloseabkömmlinge und Schleime sind unseres Erachtens den Polyglycolen nicht gleichwertig, die Glycerinsalbe weit unterlegen.

Weiter nach links gehend überschreiten wir wieder die Grenze der Abwaschbarkeit und kommen zu den Wa/Öl-Emulsionen, zum Typ des Ungt. molle, wobei es gleichgültig ist, ob dazu Wollfett oder Wollfettalkohole als Grundlage verwendet werden.

Der nächste Typ sind die Wachse und zwar echte Wachse sowie Wollfett und dessen Alkohole, an sich bereits hydrophobe Substanzen, die aber wenigstens in Form der zweiten Gruppe gute, in Form der ersten Gruppe schlechte Wa/Öl-Emulgatoren bilden und darüber hinaus auch die Salbenkonsistenz günstig zu beeinflussen in der Lage sind.

Wenn wir das Salbendiagramm vor uns haben, sehen wir, daß jede einzelne dieser Gruppen mit festen Anteilen verrieben werden kann. Sie sind deshalb in der Mitte untergebracht und es ist von jedem Punkt der festen Anteile gleich weit zu den einzelnen Komponenten. Die an den gegenüberliegenden Eckpunkten angegebenen Grundlagen können meist nicht mit den entferntest liegenden Komponenten verarbeitet werden, je weiter sie voneinander räumlich entfernt sind, umso schwerer gelingt ihre Mischung. So z. B. kann Vaselin und Polyglykol schwerer vermischt werden wie Vaselin mit Lanette oder Vaselin mit Wachs. Andererseits ist z. B. Ungt. molle und Lanettewachs überhaupt nicht gleichzeitig zu verwenden.

Wir hoffen, daß dieses Diagramm einen guten Überblick über die Möglichkeiten der Salbenbereitung, pharmazeutisch gesehen, ergibt. Therapeutisch betrachtet ist die Linie, die die Grenze der Abwaschbarkeit andeutet, gleichzeitig eine Scheide zwischen fetten und man könnte so sagen mageren Salben. Links von der Grenze sind die Salben untergebracht, die vorwiegend für den Sebostatiker im Sinne KEINIGS angezeigt sind, rechts davon die für den Seborrhoiker.

KLEINE-NATROP[1] hat ein ähnliches Diagramm zusammengestellt, das auch dem wenig kolloid-chemisch geschulten Arzt die Rezeptur ermöglichen soll. Alle Einteilungsversuche kranken daran, daß sie nur von einem Gesichtswinkel aus und nicht universell verwendbar sind. Sie können daher immer angegriffen werden. Dies zeigt auch eine Diskussion von NEUWALD[2] und KERN[3]. Wir glaubten aber doch nicht daran vorbeigehen zu können, da sie das Verständnis heben.

Zusammenfassend kann festgestellt werden, daß für viele dermatologische Krankheitszustände auf die alten Salbengrundlagen nicht verzichtet werden kann, aber wie die Diffusionstabellen zeigen, eine rationellere und wirkungsvollere Therapie durchgeführt werden kann, mit den neuen Salbenkörpern oder entsprechenden Gemischen.

Die Industrie hat bereits Gebrauch davon gemacht. Lanette N, Amphocerin, Polyäthylenoxyde u. a. werden sich je nach dem vorliegenden Diffusionsoptimum für rasche und ausreichende Wirkstoffabgabe durchsetzen. Besonderer Wert wird bei Sulfonamid- und antibioticahaltigen Grundlagen auf diese Diffusionswirkung gelegt werden (s. Tabellen in den einzelnen Kapiteln). Demgegenüber steht die reine Oberflächenwirkung (keratolytische, keratoplastische, ätzende und reduzierende Salben). Für Salicylabgabe ist Vaseline als Wirkstoffbremse für den Transport in die oberen Hautzell-Lagen die geeignete Grundlage, die Polyäthylenglykole für öllösliche Wirkstoffe.

Modellversuche

Die „fettlöslichen" Körper sind vielfach in Paraffinkohlenwasserstoffen und Fetten weitaus weniger löslich als man annimmt.

BÜCHI u. SCHLUMPF[4] bringen darüber eine Tabelle S. 32.

Die Löslichkeit genügt nur bei wenigen Substanzen, wie Camphora, Mentholum und Thymolum um sicher haltbare Lösungen in den bearbeiteten Salbengrundlagen herstellen zu können.

In allen anderen Fällen treten unerwünschte Kristallisationen beim Abkühlen der warm hergestellten oder mittels Lösungsmittel als Hilfsstoff bereiteten Salben auf. Diese Methode ist daher, mit Ausnahme der Chrysarobinsalbe zu verlassen. Derartige Salben sind durch Suspension feinst verriebener Pulver zu bereiten.

Weitaus bessere Lösungsmittel als die Fette und Paraffinkohlenwasserstoffe sind die Polyglykolsalben, die in vielen Fällen und mit Vorbehalt da in eine Lücke einspringen können. Die Silicone hingegen sind, obwohl man gute und gleichmäßige Medikamentenabgabe beobachtet haben

---

[1] KLEINE-NATROP: Ber. Med. Z. 1, 25/26 (1950).
[2] NEUWALD: Pharmaz. Ind. 17, 12 (1955).
[3] KERN: Pharmaz. Ind. 17, 12 (1955).
[4] BÜCHI u. SCHLUMPF: Pharm. Acta Helvet. 18, 673 (1943).

will, recht schlechte Lösungsmittel. Man wird also weiter in jedem einzelnen Fall die Erfahrungen berücksichtigen und sich das Thema stellen: Was wird gewollt, wie kann ich einen Wunsch experimentell studieren. Wenn dies gemacht wird, so werden die Modellversuche wertvolle Fingerzeige bei allen neu zu kombinierenden Salben werden.

Arzneistoff	In Vaselinum album %	In Oleum Arachidis hadrogenatum %
Acidum salicylicum.	0,03—0,06	1,5—2,0
Äthylium paraminobenzoicum . .	0,05—0,1	0,5—1,0
Atropinum (Base)	0,02—0,04	0,5—0,75
Atropinum sulfuricum	unlöslich	unlöslich
Cocainum (Base)	0,25—0,5	1,75—2,0
Cocainum hydrochloricum. . . .	unlöslich	unlöslich
Camphora.	14,0—15,0	20,0—21,0
Diacetylaminoazotoluolum . . .	0,1—0,5	1,5—2,0
Ephedrinum (Base) (Semihydrat)	0,75—1,0	9,0
Iodochloroxychinolinum	unlöslich	0,25—0,4
Iodoformium	0,8—1,0	—
Iodum	0,8—1,0	über 6%
Mentholum	18,0—20,0	17,0—18,0
Methylium paraoxybenzoicum . .	—	1,25—1,5
Naphtholum	0,1—0,13	7,0—7,5
Phenolum	0,5—0,75	14,0—15,0
Pyrogallolum	unlöslich	2,25—2,5
Resorcinum	unlöslich	5,75—6,0
Sulfur präcipitatus	0,25—0,5	0,25—0,3
Thymolum	5,8—6,8	29,0—30,0

Zu verweisen ist insbesondere auf die experimentelle Austestung aller Sulfonamid- und Antibioticasalben im Plattentest durch die die völlig unwirksamen Mischungen schon vor der klinischen Prüfung ausgeschaltet werden können.

Wie der eine von uns in letzter Zeit zeigen konnte, muß insbesondere der Plattentest nach genau überlegter Methode z. B. mit Farbe durchgeführt werden. Vier verschiedene Methoden seien skizziert.

1. Aufstreichmethode. Auf einer Gelatinegallerte (4:100) werden 1 cm² große Felder mit 0,1 g Salbe bestrichen, nach 24 Std wird der gefärbte Hof abgelesen.

2. Lochtest. Mit einem Korkbohrer werden 1 cm tiefe Löcher von 1 cm Durchmesser geschnitten und diese mit der zu prüfenden Salbe und Vergleichssalben gefüllt. Die Ablesung erfolgt nach 24 Std.

3. Membranversuch. 0,1 g Salbe wird auf 4 cm² Cellophan aufgestrichen und auf die Gallerte gelegt. Nach 24 Std wird abgelesen.

4. Überschichtungsmethode. 0,1 g Salbe werden in 1 cm³ der leeren Petri-Schale verstrichen und der erstarrende Agar oder die eben noch gießbare Gelatinelösung darübergeschichtet.

Nur die vierte Methode gibt das Verhalten von osmotisch Wasser heranziehenden Salben der Natur entsprechend wieder. Noch bessere Resultate erhält man, wenn man die Lochteste an Koteletts durchführt.

Das Serum und die Zellwände verhalten sich wie in Wunden und die Osmose, die bei den strukturlosen Gallerten alle Ablesungsergebnisse verzerrt, wird in Schranken gehalten (s. Tabelle).

Grundlage	Durchmesser des Hofes in mm			
	Aufstreich-methode	Lochtest	Membran-test	Über-schichtung
Vaselin	0	0	0	0
Fett	0	2	1	1
Ungt. molle	0	1	0	2
Ungt. Lanetti	1	2	1	3
Polyglykol Ointment .	1	3	1	15
Cremolan 100 V . . .	1	3	1	15
Ungt. Glycerini	1	3	1	14

Der Säuremantel der Haut und seine Beziehungen zu den Salbengrundlagen

Es erweist sich als nötig, diesen Abschnitt neu zu bearbeiten, denn wir können heute nicht mehr von einem Säuremantel sprechen, wie dies 1939 möglich war. In den darauffolgenden Jahren wurde man in dessen Beurteilung unsicher und etwa seit 1950 kam man zu einer völlig neuen Beleuchtung dieses interessanten Gebietes der Dermatologie mit allen Auswirkungen auf Kosmetik und Pharmazie. Die ursprüngliche und einzige Erklärung des Säuremantels war die, daß auf der Haut Säuren vorhanden sind, die, von einzelnen Stellen abgesehen, an denen z. B. durch äußere Einflüsse oder Zersetzungserscheinungen, Umschläge ins Alkalische eintreten, in der Lage sind, durch ihre Baktericidie die Haut mehr minder gesund zu erhalten.

Heute wissen wir, daß nicht nur eine Sperrzone der Haut, der Säuremantel im engeren Sinne, sondern 2 untereinander bzw. ineinander verflochtene Zonen vorhanden sind.

Der saure p_H-Wert der lebenden Haut ist lange bekannt und zahlreiche Autoren haben darüber gearbeitet. Ihn zu erhalten bzw. bei Verlust wieder herzustellen ist eine positive therapeutische und kosmetische Aufgabe. Der „Säuremantel" besteht aus den frei auf der Hautoberfläche vorhandenen Säuren. BROWER u. NIJKAMP[1] konnten zahlreiche flüchtige Säuren, wie Fettsäuren, andere Autoren Milchsäure nachweisen. Wir finden von der Ameisen-, Essig-, Propion- und Buttersäure bis zur Caprinsäure lösliche Anteile, wogegen die höheren Fettsäuren, infolge ihrer Wasserunlöslichkeit nicht direkt als Säuremantelbildner angesprochen werden können.

Der Säuremantel im alten Sinne äußert sich im p_H-Wert der Hautoberfläche über dessen Stärke ganz verschiedene Angaben zu finden sind. Anfangs hatte man besonders stark saure Werte gemessen, 3,5. Der eine von uns konnte diese niederen Zahlen an 10 000 den von Messungen im

---

[1] BROWER and NIJKAMP: Biochemic J. **52**, 1, 58 (1952).

allgemeinen nicht bestätigen. JACOBI[1] fand auf der Stirnhaut Durchschnittswerte von 4,8—6,45.

Die verschiedenen Säuren des Säuremantels werden durch Abspülen, durch Waschungen mit alkalischen Seifen verhältnismäßig leicht und schnell entfernt und regenerieren sich je nach der Stärke des Eingriffes in Minuten oder wenigen Stunden. Aber auch in dieser Zeit, wo der Säuremantel fehlt oder in Regeneration begriffen ist, ist die Haut nicht schutzlos, denn hier tritt ihre Pufferkapazität, die Alkali- und Säure-Neutralisationsfähigkeit als 2. Sperrzone in Aktion. Die Pufferkapazität der Haut ist das Maß mit dem die Neutralisations-Fähigkeit der Haut, auch wenn keine freien Säuren vorhanden sind, gemessen wird.

Es werden also einerseits mit der Messung des p_H-Wertes nur die wasserlöslichen Säuren erfaßt, über ihre Menge und Widerstandsfähigkeit ergeben die Messungen keinen Ausblick. Der Haut-p_H-Wert, der früher und auch häufig jetzt noch, als die Stärke des Säuremantels aufgefaßt wird, ist nur ein Maß der aktuellen Reaktion der Hautoberfläche, nicht aber für die Stärke der Säurehülle und Pufferkapazität.

Für letztere ist in erster Linie das Hauteiweiß der obersten Epidermischichten verantwortlich. Darüber haben BURCKHARDT[2], WOHNLICH[3], DÜNNER[4], VERMEER, JONG u. LEKSTRA[5], PECK[6] und JACOBI[7] gearbeitet.

Die Alkali-Neutralisationsversuche nach BURCKHARDT[8] und KOCH[9] umfassen beide Faktoren. Die ersten 3—5 Messungen laufen stets schnell ab, die nachfolgenden aber langsam. Die ersteren neutralisieren den Säuremantel und bei den späteren Messungen, wo dieser bereits inaktiviert ist, trifft die Messung auf die Pufferkapazität.

Auch der Säuremantel selbst ist gepuffert. Hierüber hat SZAKALL veröffentlicht. Er zeigt in einigen Arbeiten[10–13], daß der „Mantel" nicht wie ein Kleidungsstück aufzufassen sei. Der Name sei durch „Pufferhülle" zu ersetzen. Puffer sind die Eiweißstoffe, die diffundierende Kohlensäure, der Schweiß. Beeinflußt wird die Pufferung auch von der Menge des Hauttalges. Sie ist also weitgehend milieubedingt, denn der Schweiß eines Bergarbeiters verhält sich z. B. ganz anders, als der im Laboratorium gewonnene. Dies erklärt natürlich auch die großen Differenzen zwischen unseren Versuchen in Chemiebetrieben und denen der Klinik. JACOBI berichtet in seinen oben schon zitierten Ausführungen, daß man eben beide Barrieren der Haut berücksichtigen muß, wenn man von Pufferung und Säuremantel spricht. Er zeigt an Hand von p_H-Messungen

[1] JACOBI: Fette - Seifen - Anstrichmittel 56, 11 (1954).
[2] BURCKHARDT: Dermatologica (Basel) 94, 73 (1947).
[3] WOHNLICH: Arch. f. Dermat. 187, 4 (1948).
[4] DÜNNER: Dermatologica (Basel) 103, 1 (1950).
[5] VERMEER, JONG u. LEESTRA: Dermatologica (Basel) 103, 1 (1950).
[6] PECK: Proc. of the scientific section of the Toilet Goods Assoc. 18, 33 (1952).
[7] JACOBI: Dermat. Wschr. 1942, 115.
[8] BURCKHARDT: Arch. f. Dermat. 173, (1935).
[9] KOCH: Klin. Wschr. 1939, 899.
[10] SZAKALL: Fette u. Seifen 53, 5 (1951).
[11] SZAKALL: Arbeitsphysiologie 11, 5, 436 (1941).
[12] SZAKALL: Fette u. Seifen 52, 3, 171 (1950).
[13] SZAKALL: Fette u. Seifen 53, 284 (1951).

insbesondere im Gesicht die große Abhängigkeit der Haut, p_H-Verschiebungen von äußeren Einflüssen, insbesondere beim Waschen. Wird durch alkalische Waschmittel gewaschen, und erfolgt danach, wie dies allgemein üblich ist, nur eine schlechte Spülung, dann findet auch nach 1½ Std noch keine Rückkehr zum Ausgangswert statt.

Die Behandlung der Haut mit einer sauren Handcreme verändert den p_H-Wert nicht. Eine alkalische Hautcreme hingegen verschiebt ihn beträchtlich ins alkalische Gebiet und verzögert die Neutralisation der Haut bedeutend mehr als eine Seifenwaschung. Wird mit Alkali gewaschen und zusätzlich mit alkalischen Cremes behandelt, so addieren sich die beiden Alkalibelastungen, in diesem Fall ist die Haut nicht in der Lage, innerhalb 1 Std ihren p_H-Wert auch nur wieder bis zum Neutralpunkt heranzubringen. Aber auch saure Cremes können die Alkalireaktion der Haut nicht kompensieren. Der Hautcremfilm allein scheint andererseits wieder eine Neutralisationsverzögerung zu verursachen.

Wird die gleiche Creme aber im sauren Bereich gepuffert, so wird nicht nur das Alkali neutralisiert, sondern fast augenblicklich beim Auftragen der saure Ausgangswert wieder hergestellt. Die Devise lautet also: *Nicht saure Cremes, sondern im Sauren gepufferte Cremes.*

Die meisten Hersteller von sauren Salben und Kosmeticis wissen dies bereits. Bekannt sind ja die Milchsäure-Lactat-Puffer. Aber nicht alle Säuren sind jeweils in der Lage, Bakterien und Hautpilze abzutöten, sondern nur bestimmte. P. W. SCHMIDT[1] hat dies gezeigt, ebenso PECK. Es sind dies vorwiegend die Capron, Propion- und Caprylsäure, also längerkettige aber wasserlösliche Fettsäuren. Wohnlich benutzt ein Milchsäure-Lactat-Puffer, ANDERSON u. HADGRAFT[2] wenden zur Ekzembehandlung ein Glucon-Pepton-Puffergemisch an. Ob nun das ausgewählte Gemisch in dem Kosmetikum oder in der Haut die gewünschte Wirkung entfaltet, kann durch Untersuchungen, wie sie JACOBI beschrieben hat, festgestellt werden. Wie weit dann der Puffer bactericid oder fungicid ist, sind bakteriologische Fragen. Zu den Messungen werden die Neutralisationsproben von BURCKHARDT oder KOCH, die Modellversuche von WACEK[3], reine Haut-p_H-Messungen und bakteriologische Versuche herangezogen werden müssen.

Unseres Wissens sind in den letzten Jahren nur wenige, saure Hautcremes herausgekommen und bei ihnen handelt es sich im wesentlichen um Wirkstoffträger mit Substanzen, die eben den Charakter von Säuren besitzen. So wird die Aminoessigsäure in Salben und Puder nicht so sehr zur Säuerung als vielmehr als lokales Stypticum angewandt. (Falistyp von FAHLBERG).

Eine Mischung von Aminosäuren ist nach BODKIN[4, 5] jeder anderen Lokalbehandlung des Pruritus ani überlegen. Der zum Jucken reizende Ammoniak wird damit inaktiviert.

---

[1] SCHMIDT, P. W.: Hautarzt **2**, 3 (1951).
[2] ANDERSON and HADGRAFT: Trans. of St. Johns Hosp. Derm. Soc. **1952**, 7.
[3] WACEK: Dermatologica (Basel) **107**, 6 (1953).
[4] BODKIN: Amer. J. Digest. Dis. **18**, 59 (1951).
[5] BODKIN: Amer. J. Surg. **82**, 55 (1951).

SCHNEIDER[1] empfiehlt auf Grund eingehender Versuche lecithinarme Phosphorsäureester, die neben Baustein- und Emulgatoreigenschaften den Haut-p_H-Wert zu steuern in der Lage sind.

Lichtschutzmittel

Auf dem Gebiet der Lichtschutzmittel sind einige neue Arbeiten hinzugekommen, sie erweitern den Überblick, ohne aber völlige Klarheit zu bringen. Durch die Unzahl von Lichtschutzmitteln ist es fast unmöglich, eine Systematik zu erarbeiten.

Verwirrung bringt schon die Tatsache, daß sowohl die Salbengrundlagen, wie auch die inkorporierten Wirkstoffe als Lichtschutzmittel getestet werden müssen.

LUGER[2] hat festgestellt, daß auch erstere einen gewissen Lichtschutz ausüben. Allerdings hat er unnatürlich dicke Schichten angewandt und zitiert z. B. GUTHMAN, der mit 1,3 mm dicken Schichten von Menschenfett einen 50%igen Lichtschutz erzielte. In seinen Versuchen hat er folgende Zahlen gewonnen. Es filtrieren ab:

Adeps suillus	10,6%
Vaselin. alb.	41,3%
Vaselin. Flav.	48,6%
Immersionsöl	39,3%
Borsalbe mit Schweinefett	33,0%
$^1/_2$% Resorcin in Schweinefett	34,6%
$^1/_4$% Chininsulfat in Schweinefett	38,7%

Chininsulfat ist natürlich in Schweinefett unlöslich, ebenso Resorcin. Der Verf. hat also nur die Abschirmwirkung der suspendierten Teilchen, aber nicht die Schutzwirkung durch Fluorescenz gemessen. Ein Beweis hierfür ist, daß die Borsalbe fast ebenso wirksam war, wie Chinin. STRAKOSCH[3] ist der Ansicht, daß Vaselin erst abschirmend wirkt, wenn ein Emulgator wie Aquafor oder Niol (Monoäthanolamin-Fettsäure) zugefügt wird. Er hat dann eine alkalische Emulsion zur Verfügung, die die Zusatzstoffe löst und auch rein optisch impermeabler ist.

Man darf nicht vergessen, daß das „corpora non agunt, nisi soluta", auch heute noch gilt, eine fluorescierende Substanz wirkt nur gelöst, andernfalls, und sei sie noch so fein verteilt, kann sie nur als „Sonnenschirm" wirken. Man könnte an ihrer Stelle auch Titandioxyd einarbeiten. Unter den zahlreichen Lichtschutzmitteln kann man, heute besser als früher, 4 Gruppen unterscheiden.

1. Rein optisch durch Reflexion und Abschirmung wirkende. Beispiel Titandioxyd, Aluminiumpulver, Pigmente, ungelöste Wirkstoffe.

2. Durch Fluorescenz, das heißt durch die Umwandlung der aktiven Strahlen in inaktive, schützende.

3. Strahlenschluckende Lichtschutzmittel.

---

[1] SCHNEIDER: Hautarzt 4, 12, 460 (1953); 5, 1, 29 (1954).
[2] LUGER: Wien. med. Wschr. 101, 31 (1951).
[3] STRAKOSCH: J. Invest. Dermat. 1, 5 (1942).

4. Das Erythem verhindernde, also therapeutisch in statu nascendi angreifende.

Die erste Gruppe umfaßt nur eine geringe Anzahl von Mitteln, die im Lichtschutz eingesetzt werden. Es sind dies weiße oder hautfarbene Pigmente, die als Reflektoren und Sonnenschirm wirken. Nach einem von HADERT[1] zitierten amerikanischen Patent wird Aluminiumpulver als Lichtschutzmittel in Salben eingearbeitet. Die Grundlagen der Lichtschutzsalben gehören gleichfalls großenteils hierher. Sie haben zwar keine bedeutende, aber immerhin eine meßbare Schutzwirkung. Ferner sind hierher ungelöste Anteile oder Ausscheidungen von Wirkstoffen in ungeeignetem Milieu zu rechnen. Die meisten fluorescierenden Stoffe schützen nur im alkalischen Milieu, in dem sie in Lösung gehen, im sauren sind sie nahezu unwirksam.

Die Gruppe 2 umfaßt den Großteil der Lichtschutzmittel, die die aktiven Strahlen zwischen 2900 und 3125 $\mu\mu$ umwandeln. Zu nennen sind Äsculin und dessen Derivate, die Anthranilsäure und deren Abkömmlinge wie Bornyl, Iso-bornyl, Methyl und Stearylanthranilat. Hierher gehören auch die Umbelliferone, die Chininsalze. Keine fluorescierende, aber absorbierende Wirkung zeigen die Methyl- und Phenyl-Salicylate und Amino-Ortho-Benzoesäure.

Zur Gruppe 3 gehören vorwiegend die Gerbstoffe, sowie die als Gerbstoffe wirksamen Sulfonamide, von denen ein Teil eigens für den Einsatz in Lichtschutzmitteln synthetisiert wurde. Wenn Ihnen auch eine gewisse abschirmende und umwandelnde Wirkung zukommen kann, so ist die Hauptwirkung doch die eines Verhütungsmittels gegen Verbrennungen. Von MIETSCH[2] wurden Eubasin, Cibazol, Uliron, Albucid, Globucid, Prontalbin und Marfanil geprüft.

ZENNER[3] berichtet, daß es ihm gelungen sei, einen Lichtschutzstoff zu entwickeln, der im Aufbau zwar ein Sulfonamid ist, aber therapeutisch mit Ausnahme der Lichtschutzwirkung keinen Effekt zeigt. PeKaPe totale (Biox Mannheim und PKP Zürich) enthält 6% des Äthanolaminsalzes der p-Amino-benzoyl-p-amino-benzoesäure. Diese bisher nicht beschriebene Substanz resorbiert das ultra-violette Licht besonders stark in dem für die Erythembildung verantwortlichen Wellenbereich (Maximum der UV-Resorptionskurve bei 3000 $\mu\mu$). Es gibt sicheren Schutz gegen den mittleren Anteil des UV-Spektrums. BRAUN[4] bzw. SIMON[5] konnten die Resultate bestätigen und ergänzen. Thephorin und Antergan waren unwirksam. Avil, Pyribenzamin, Marbadal und Tactocut waren gut. Am besten schnitten Hibernon, PAS und PeKaPe totale ab.

BAUEROVA[6] prüft Sulfolignin auf Photoplatten, denn Strahlenundurchlässige Substanzen schirmen die Belichtung ab. Das Alkali-Sulfolignin wird aus Sulfitablauge durch Ammoniak gefällt und bei 60° C

[1] HADERT: Fette u. Seifen 11, 684 (1951).
[2] MIETSCH: Hoppe-Seylers Z. 174, 19 (1942).
[3] ZENNER: Dermat. Wschr. 1951, 578.
[4] BRAUN: Hautarzt 2, 367 (1951).
[5] SIMON: Wien. klin. Wschr. 1950.
[6] BAUEROVA: Chemicke zvesti 8, 289 (1954).

getrocknet. Es wird in Mengen von 2—4% einer Bentonit-Glycerinsalbe zugefügt und schützt wesentlich intensiver als Dimethylaminoäthyl-benzoat. Unter den neueren Präparaten ist noch die *Diwag-Lichtschutz-salbe* (Diwag-Chem. Fabrik A.G.), ein Brom-Benzyl-Pyridin-Paraamino-benzoat und Farbstoffpigment in neutraler Salbengrundlage, zu nennen.

SCHNEIDER, BERG u. MIRUS[1] berichten über neue Lichtschutzkörper auf der Basis der p-Methoxyzimtsäure, insbesondere über den Diäthyl-aminoäthanolester dieser Verbindung, der in wässeriger und öliger Form geprüft wurde und eine besonders günstige spektrale Absorption mit einem Maximum zwischen 2950 und 3050 Å und einen guten Erythem-schutz ergab. Als Vergleich dienten mit anderen Lichtschutzmitteln insbesondere eine 10%ige Na-Sulfathiazollösung.

CHRISTENSEN u. GIESE[2] untersuchten ferner die Veränderungen, die das UV-Licht auf die Wirksamkeit der Lichtschutzmittel ausübt. Sie bringen folgende Tabelle:

Gruppe	Verbindung	Effekt einer 2stündigen Bestrahlung
p-Aminobenzoesäureester:	Äthyl-p-dimethylamino-benzoat	geringe Veränderung
Salicylsäureester:	Äthyl-p-dimethylamino-benzoat	geringe Veränderung
p-Aminobenzoesäureester:	Äthyl-p-aminobenzoat	starke Zunahme
Salicylsäureester:	Menthyl-	geringe Veränderung
	Homomenthyl-	geringe Abnahme
	Isoamyl-	geringe Änderung
	Amyl-	starke Zunahme
	Phenyl-	geringe Zunahme
	Benzyl-	teils Zu-, teils Abnahme
Anthranilsäureester:	Menthyl-	Zunahme
Zimtsäureester	Monomenthyl-	Abnahme
Acetophenone:	Benzyl-	starke Abnahme
Naphtholsulfonsäuren:	2-Naphthol-6-sulfonsäure	große Zunahme, Verlust der spezifischen Absorption
Tannin:	Tannin	Zunahme
Chinin:	Sulfat	leichte Abnahme
Phenol:	Phenol	Zunahme

In Kombination mit anderen Stoffen kann sich die Lichtempfindlich-keit erheblich ändern. Auch die Anwesenheit von Antioxydantien kann von Einfluß sein, besonders in Hinblick auf die mit der Strahlenwirkung verbundenen Oxydation. Um ein Urteil über solche Kombinationen abgeben zu können, wären individuelle Untersuchungen für jeden Fall erforderlich.

Darüber hinaus geben die Extinktionskurven nach CARLSEN[3] die einzige Möglichkeit, Lichtschutzmittel exakt zu vergleichen.

JUNG-GRIMM[4] untersucht die physikalische Bestimmung der spek-tralen Durchlässigkeit von Lichtschutzmitteln und Salbengrundlagen im

---

[1] SCHNEIDER, W., A. BERG, u. R. MIRUS: Z. Hautkrkh. **18**, H. 6 (1955).
[2] CHRISTENSEN and GIESE: J. Amer. Pharmaceut. Assoc., Sci. Ed. **39** (1950).
[3] CARLSEN: Dansk. Tidsc. Farm. **28**, 4, 84 (1954).
[4] JUNG-GRIMM, A.: Dermat. Wschr. **1955**, 1261.

sichtbaren und ultravioletten Strahlenbereich. Nach dem Vorschlag von
COBLENTZ[1] wird eine Einteilung des ultravioletten Spektrums in 3 Fre-
quenzbereiche vorgenommen, wobei das UV-A dem Wellenlängenbereich
von 4000—3150 $\mu\mu$, der Anteil B von 3150—2800 $\mu\mu$ nnd das UV-C unter-
halb von 2800 $\mu\mu$ bezeichnet. Es wird festgestellt, daß die Wirksamkeit
von Lichtschutzmitteln ausschließlich auf ihren physikalischen Eigenschaften beruht. Für die Untersuchungen wurden im Gegensatz zu den
bisherigen biologischen Verfahren ausschließlich physikalische Meß-
methoden durchgeführt. Dabei wurde die Untersuchungssubstanz in
bestimmter Schichtdicke auf eine Quarzplatte aufgetragen und die
spektrale Durchlässigkeit im kurzwelligen infraroten, sichtbaren und
ultravioletten Strahlenbereich bestimmt. Die Ergebnisse gestatten es,
spektrale Filterwirkungen exakt festzulegen. Im speziellen ergab sich nur
bei wenigen Lichtschutzmitteln eine befriedigende Absorption, wobei
Delial-Lichtschutzöl Bayer und Nivea-Ultraöl (Beiersdorf) besonders
genannt sind. Die Helioderm-Strahlenschutzsalbe (Desitin-Werk) ist
besonders geeignet bei Lichtdermatosen, kurzwelliges sichtbares Licht
und UV-A zu absorbieren.

Zur Gruppe 4 gehören, zum Teil wenigstens, nochmals die Gerbstoffe
und die Antihistaminika. GIESE, CHRISTENSEN u. JEPPSON[2] zeigen, daß
alle Verbindungen, welche eine kräftige Absorption im UV bei 2970 $\mu\mu$
bewirken, möglicherweise gute Lichtschutzmittel sind, doch müssen sie
noch andere Erfordernisse erfüllen, nämlich nicht giftig, nicht sensibilisierend und nicht hautreizend sein. In den Lichtschutzsalben ist eine
Salbengrundlage und oft eine streuende Substanz, wie Titandioxyd vorhanden. Auch Farbstoffe und weichmachende Zusätze usw. werden
verwendet. Substanzen also, die sich gegenseitig beeinflussen können.

Die am häufigsten verwendeten Lichtschutzmittel sind Naturprodukte
wie Chininsulfat, Äsculin, Tannin. In den letzten Jahren haben jedoch
synthetische Produkte begonnen, die Naturprodukte zu verdrängen. Die
beachtenswertesten darunter sind Benzolderivate. Benzol absorbiert im
UV bei 2500 $\mu\mu$. Durch geeignete Substitution wird das Absorptionsband
jedoch nach längeren Wellenlängen hin verschoben und kommt in den
erwünschten Bereich von 2970 $\mu\mu$. Eine Tabelle der Extinktionskoeffizien-
ten für Lichtschutzmittel bei 2970 $\mu\mu$ (in Alkohol) zeigt dies.

Äthyl-p-dimethylaminobenzoat	27,600
Äthyl-p-aminobenzoat	27,300
Isobutylanthranilat	23,200
Methylanthranilat	941
Homomenthylsalicylat	6,720
Phenylsalicylat	3,850
Menthylsalicylat	4,540
Amylsalicylat	4,150
Isoamylsalicylat	348
Benzylsalicylat	4,060
Zimtsäure.	705

[1] COBLENTZ, W. W.: 2. Internat. Kongreß de Lumiere, Kopenhagen, Kongreß-
bericht, S. 118.
[2] GIESE, CHRISTENSEN and JEPPSON: J. Amer. Pharmacent. Assoc., Sci. Ed. 39,
30—36 (1950).

Benzylzinnamat   1,908
Monomethylcinnamat   505
β-Methylumbelliferon.   8,510
2-Naphtol-6-sulfonsäure (in Wasser) . .   3,310
2-Naphtol-8-sulfonsäure (in Wasser) . .   3,010
3-Oxy-2-naphtoesäure   3,470
Acentanilid   162
Violursäure   4,800
Benzylacetophenon   24,200
Chininsulfat   3,560

Decksalben

Dieses Kapitel wurde durch die Silicone (siehe dieses Kapitel) einerseits, durch die vielen Gewerbeschutzsalben, die im wesentlichen auch zu den Decksalben mit Spezialindicationen gehören, erweitert und bereichert.

In den Siliconen haben wir Grundlagen vor uns, deren Zusatz die Haftfestigkeit und Resistenz gegenüber wäßrigen Lösungen von Säuren, Salzen und Alkalien, sowie bestimmten Lösungsmitteln ganz bedeutend verstärkt. Es wäre aber verfehlt, 1% oder noch weniger eines Silicons der Salbe zuzufügen und dann von einer Siliconhaltigen und wirksamen Schutzsalbe sprechen zu wollen. Unter 10%igen Zusätzen bleibt die Wirkung unterschwellig. In Amerika verwendet man 30—60%ige Salben, je nach Indikation auf Kohlenwasserstoff oder Schleimbasis. In ersterem Falle schützt die Salbe gegen wasserlösliche Noxen, im zweiten gegen Lösungsmittel. Bei 10% Siliconzusätzen kann eine Schutzwirkung erst nach mehrtägiger Anwendung erwartet werden, wobei eine additive Wirkung der Siliconspuren auf der Haut unterstellt wird.

Die Gewerbeschutzsalben als Verwandte der Decksalben sollen später besprochen werden.

Kühlsalben

Kühlsalben werden in der Dermatologie als indifferente Salben verwendet. Die Indikation wurde von der alten Salbe dieses Namens der Arzneibücher, die zwar indifferent war, aber nicht kühlte, übernommen.

Mittlerweile wurde der Mechanismus der Kühlwirkung geklärt. Stabile Wa/Öl-Emulsionen kühlen überhaupt nicht, unstabile vom Typ des Unguentum leniens nur wenig, sie entspannen aber die Haut. Gut (durch leitende Wärmeabfuhr und Verdunstung) kühlen wasserreiche Öl/Wa-Emulsionen. Durch Stabilisierung des Ungt. leniens wird die an und für sich geringe Kühlwirkung vernichtet.

KLEINE-NATROP[1] wendet sich mit Recht gegen die Bezeichnung „Coldcreme", die Kühlung erwarten lasse, ohne daß eine solche vorhanden ist.

Der Ausdruck sollte der Kosmetik vorbehalten bleiben und in der exakten Dermatologie gestrichen werden.

---

[1] KLEINE-NATROP: Fette u. Seifen **53**, 10 (1951); **54**, 4 (1952). — Arch. f. Dermat. **89**, 279 (1949).

Derselbe Autor konnte feststellen, daß das Ammoniumsalz der Erucasäure nicht, wie zu erwarten, Öl/Wa- sondern Wa/Öl-Emulsionen bildet.
Sie sind auf der Haut unstabil und kühlen, wie Versuche zeigten, auch
dann, wenn Zinkoxyd zugefügt wird.

ZOGG[1] stellte Versuche an, die den Zweck hatten, eine Salbe auszu-
arbeiten, die bei Körpertemperatur unstabil, bei der Aufbewahrungs-
temperatur aber stabil bleibt. Am besten erwies sich:

Rp.: Cera alba   8,0
O. Arachidis hydrogenat. 20,0
Ol. Arachidis. 47,0
Ol. Ricini   5,0
Aqua dest. 20,0

Die Fettphase wird zusammengeschmolzen und mit dem Schwingbesen
das Wasser einemulgiert. Nach 2—3 Std wird nochmals durchgearbeitet.

Borsalben

Nach SALITBURY[2] u. Mitarb. ist es ein Unterschied, ob in einer Wachs-
Boraxsalbe mehr oder weniger als 45% Wasser enthalten sind. Im
ersteren Falle handelt es sich um eine Wasser in Fettstoff-, sonst um eine
Fettstoff in Wasser-Emulsion.

Salicylsalben

Wir haben eingehend darüber berichtet, daß die Salicylsäure aus den
einzelnen Medien heraus ganz verschieden intensiv resorbiert wird. Man
muß sich daher in jedem Falle klar werden, ob Resorption erwünscht ist
oder lokale Wirkung, also Keratolyse, oder leichte Desinfektion und in
allen Fällen ganz verschiedene Salbengrundlagen verwenden. Darüber
hinaus bedienen sich die meisten Hersteller von Rheumasalben der öl-
löslichen Salicylsäureester, die, wie die ätherischen Öle, leicht, und zwar
aus jedem Medium, zur Resorption kommen.

Die Versuche mit der Salicylsäure wurden mitlerweile ergänzt. An
Stelle der freien Säure haben HOFMANN u. HORNBOGEN[3] Natrium-
Salicylat in Salben inkorporiert und die Salicylatresorption colorime-
trisch im Harn verfolgt. Die Lage ist hier natürlich eine ganz andere,
denn das Natriumsalz ist nicht lipoidlöslich, die Resultate sind eine
Ergänzung zu den Versuchen mit der Säure und daher um so interessanter.

Bei Lanettewachs N fettfrei war die Resorption im Vergleich zu einer
Eucerinsalbe gering (0,7% gegen 3,3%); Wasserzugabe verschlechterte
sie. Lanettesalbe (24% Lanettewachs N, 6% Cetiol extra, 10% Paraffinum liquid., 60% Aqua dest.) hatte eine etwas höhere Abgabefähigkeit

[1] ZOGG: Bulletin Galenica 17, 158 (1954).
[2] SALITBURY, LENALLEN and CHAVKIN: J. Amer. Pharmaceut. Assoc., Sci. Ed.
34, 117 (1954).
[3] HOFMANN u. HORNBOGEN: Dtsch. Gesundheitswesen 5, 843 (1950).

und kam darin dem Schweineschmalz gleich. Eine Steigerung des Wassergehaltes um 20% erhöhte die Salicylsäureabgabe; sie lag dann auch über
der von Vaselin, Lanolin und Pasta Zinci. Lokale Reizwirkungen wurden
nicht beobachtet. Cellagel, ein Celluloseabbauprodukt in organischer
Verbindung mit basischen Aluminiumsalzen, eignet sich wegen seiner
geringen Abgabefähigkeit und seiner Neigung zu Hautreizungen wenig
zur Applikation von Arzneimitteln, wohl aber als Grundlage für Kühlsalben. Dies fällt auf, da die Säure aus ähnlichem Medium optimal
resorbiert wurde.

Polyäthylen-Oxydwachse erwiesen sich als Salbengrundlagen ungeeignet, da sie praktisch keine Salicylsäure abgaben. Dagegen wurde
bei rectaler Applikation aus Suppobasin, das im wesentlichen aus Oxyd-
wachsen besteht, mehr Salicylsäure resorbiert, als aus Kakaobutter.
Wahrscheinlich nehmen die wasserlöslichen Oxydwachse Wasser auf und
die Resorption erfolgt dann aus der wäßrigen Lösung. Auch Lasupol
und Postonal, ein polymeres Äthylenoxyd, übertrafen die Kakaobutter
in der Abgabefähigkeit. Es scheint nun so zu sein, daß man nach wie vor
die freie Säure oder Salicylester und nicht Salze verwenden wird.

FIEBIG[1] brachte einen Beitrag zur experimentellen Untersuchung der
percutanen Salicyl-Therapie bei Rheumatikern, da die bisherigen
Untersuchungen von MUNK[2], UMBER[3] und ASCHNER[4] keine einheitlichen
Resultate ergaben. Bei der Therapie der rheumatischen Prozesse, wie der
Fibrositis im Unterhautzellgewebe, sowie der periarthritischen und
perineuritischen Prozesse kommt es darauf an, an Ort und Stelle einen
genügend hohen Blut- und Gewebsspiegel zu erzielen und gleichzeitig die
Strombahnhemmung aufzuheben. Die Resorptionsgröße hängt dabei von
der Durchblutungsgröße der Haut und der Permeabilität der Epithel-
schichten ab. Diese wird nach JOHNE[5] durch leichtlösliche Wirkstoffe
günstig beeinflußt, durch bestimmte Elektrolyte und durch Steigerung
der lipophilen Eigenschaft des Medikamentes. Es wurden Untersuchungen mit einem 3% Pyridin-Carbonsäure-Benzylester und einem Salicylsäureester mit Schwefelölen ohne und mit Nicotinsäureesterzusatz
(Rheumasan) angestellt und Hauttemperaturmessungen vorgenommen.
Im Vergleich zu Heißlufteinwirkungen auf die Haut oder Erwärmung
durch mechanisches Reiben oder Kurzwellen zeigte sich bei dem Nicotin-
säureester ein allmählicher Temperaturanstieg, der aber ebenso wie der
durch Salicylsäureester verursachte mehrere Stunden anhielt, während
die physikalische Erwärmung schon nach 45—90 min abklang.

Von den Salicylsäurederivaten hat die *p-Aminosalicylsäure* (PAS) als
Tuberkulosemittel weite Verbreitung gefunden. In 2—20%igen Salben
wird sie bei tuberkulösen Fisteln, ferner bei Haut- und Schleimhaut-
tuberkulose auch lokal verwendet.

[1] FIEBIG, W.: Z. Rheumaforsch. **1954**, H. 5/6.
[2] MUNK, F.: Dtsch. med. Wschr. **1954**, 519.
[3] UMBER, F.: Pharmakol. Mh. **1924**, 5—21. — Handbuch Therapie 5, 121 (1927).
[4] ASCHNER, B.: Hippokrates 5, 343 (1951).
[5] JOHNE, O. H.: Arch. f. Dermat. **194**, 287 (1952).

WALTER[1] berichtet über die 20%ige *Pantosalcreme* von Beiersdorf u. WILHELM[2] über *Aminacyl* (Wander).

Dibromsalicyl ist nach VONKENNEL[3] in 1%igen Salben ein gutes Desinficiens und Antibioticum.

Ätherische Öle, Balsame und Campherarten

Über das Gesamtproblem erschienen keine neuen Arbeiten, wohl aber zahlreiche therapeutische Berichte über einzelne Abschnitte.

Kamillenöl

Nach HELLRIEGEL[4] sind strahlenbedingte Dermatosen eine der wichtigsten Indikationen der Kamillensalben, wie z. B. der *Azulonsalbe* Homburg, die Isopropyl-Methylazulen enthält.

Eine gewisse Neuerung auf dem Gebiete der Azulensalben stellt die *Silazulonsalbe* Homburg dar. Die eine Komponente ist das Azulen mit allen seinen Indikationen. Die andere ist die Silicon-Fettalkohol-Polyglykoläther-Salben-Grundlage.

Crotonöl

Die *Agathonsalbe* der Aewige/Wien enthält als Hautreizstoff Crotonöl (als Ester der Tiglinsäure definiert). RIESE[5] empfiehlt sie bei Rheuma.

Reizstoffe

Die EPPINGERsche Cantharidenblasenmethode gab KUTZIM[6] die Möglichkeit, eine Enteilung gewisser Dermatosen in seröse und nichtseröse zu treffen. Man kann dem Autor zufolge auf Grund der Unterschiede, Rückschlüsse auf eine erfolgreiche Behandlung ziehen. *Capsaicin*, Nonylsäurevanillamid und deren chemische Verwandte, ferner Pyridin β-Carbonsäureester gehören zu den ganz wenigen Substanzen, die in der Lage sind, die Wärmepunkte der Haut zu erregen, auf ihr Wärme vorzutäuschen und in konzentrierter Form sogar die Hauttemperatur um 2—3° C zu erhöhen (PLÖTZE[7], CZETSCH-LINDENWALD[8]). Sie werden daher in Rheumamitteln wie Salhuminliniment verwendet.

Salben mit „Fernwirkung" auf innere Organe beeinflussen sie durch den Gehalt an ätherischen Ölen. Hier seien einige Präparate angeführt, die durch ätherische Öle bei Penetration in den Kreislauf wirksam werden.

Zur Beeinflussung der oberen Luftwege sind vorhanden:

Tumarol-Balsam (Percutanes Expectorans, Robugen GmbH) enthält Menthol, Campher, ätherische Öle in einer Salbengrundlage. Brust und

---

[1] WALTER: Dermat. Wschr. **1951**, 241.
[2] WILHELM: Bull. Soc. franc. Dermat. **57**, 1 (1950).
[3] VONKENNEL: Dtsch. med. Wschr. **1949**, 146.
[4] HELLRIEGEL: Strahlenther. **86**, 2 (1952).
[5] RIESE: Wien. med. Wschr. **1950**, 45, 46.
[6] KUTZIM: Dermat. Wschr. **1952**, 1192.
[7] PLÖTZE: Arzneimittel-Forsch. **1**, 305 (1951).
[8] CZETSCH-LINDENWALD: Vortrag DGF-Tagung 1952, Fette u. Seifen **55**, 3 (1953).

Rücken sollen mit der Salbe eingerieben werden, das Mittel wird auch bei Asthma bronchiale empfohlen.

Wick Vapo RUB (P. Beiersdorf AG) enthält ebenfalls Campher, Menthol, Thymol und ätherische Öle in Salbenform und wird bei der gleichen Indikation empfohlen.

Transpulmin-Balsam (Chemiewerk Homburg AG) enthält basisches Chinin und ätherische Öle. Die Resorption der Wirkstoffe aus der Ol/Wa-Emulsion konnte eindeutig bewiesen werden.

Von der Fa. Zyma-Blaes wird als Expectorans eine Kombination des krampflösenden Sonnentaues und der hustenlindernden Bestandteile des Thymians in ätherischen Ölen inkorporiert und mit Campher verarbeitet, in den Handel gebracht.

Kreislaufwirksam sind:

Cor-Vasogen (Pearson AG) ist ein Vasogen, das Crataegus, Valeriana, Melissa, Arnica, Ol. sinapis, Menthol, Campher, Chloroform enthält und bei Herzbeschwerden auf nervöser Grundlage in die Herzgegend eingerieben wird.

Cor-Vel-Herzsalbe (Neos-Laboratorium Donner) enthält etwa dieselben Bestandteile. Inwieweit die herzwirksamen Komponenten percutan wirksam sind, sollte bewiesen werden.

Sanocardol-Herzsalbe (Viropharm-Chemie GmbH) enthält Amylnitrit, Campher, Menthol, ätherische Öle, Nicotinsäure-Ester, diverse Pflanzenauszüge aus Aconit., Convallaria, Adonis, Crataegus, Arnica, Melissa, Oleander, Valeriana, Sarothamm scoparius, Symphytum in einer tiefenwirksamen dermatophilen Salbengrundlage (SAUTER[1] und REINSTEIN[2] berichteten darüber.)

Calmitol-Gel (Siegfried) enthält Campheraldehyd jodochlorat., Menthol, Ol. Hyoscyam. cps., Sol. oleos. äth. spirit. Laut Prospekt soll Campheraldehyd und Menthol die Schmerz- und Empfindungsreceptoren der Haut anaesthesieren, eine Wirkung, die durch Ol. Hyoscyami protrahiert wird. Durch lokale Vasoconstriction wird die Alteration der sensiblen Nervenendigungen der Haut herabgesetzt. Der jodierte Campheraldehyd zeichnet sich außerdem durch bacterizide und fungistatische Eigenschaften aus. Die organische Bindung des Jods schließt Jodallergien aus. Calmitol greift mit seinen verschiedenen Komponenten in die wesentlichen Pathomechanismen des Pruritus ein, obwohl auch Hautreizungen gesehen wurden.

Euflux (Südmedica GmbH) enthält Paraffin, Menthol, Ol. Chloroformii, Ol. hyoscyami, Ichthyol in reizloser Salbengrundlage. Es dient zur Segmenttherapie des Herzens bei funktioneller und organischer Coronarinsuffizienz „Myocardpflege" bei arteriellem und pulmonarem Hochdruck, Cor nervosum und Hypoxämie.

Rheumamittel: Unter der Unzahl sei ein neueres Präparat genannt:

Menthoneurin (Tosse) enthält einen Salicylsäureglykolester und Menthol bei Rheuma, Neuritiden und ähnlichen Zuständen.

---

[1] SAUTER: Schweiz. med. Wschr. **1949,** 572.
[2] REINSTEIN: Ther. Gegenw. **1952,** 3.

Resorptionsfördernde bzw. hemmende Substanzen und Maßnahmen

Der Einsatz von ätherischen Ölen und Netzmitteln als Gleitschiene zur Verbesserung der Resorption ist bekannt. Auch diese Probleme müssen von verschiedenen Seiten beleuchtet werden, bevor man eine Salbe zusammenstellt.

Bei der Kombination von Wirkstoffen mit oberflächenaktiven Körpern ist vor der Abgabe der Kombination eine genaue Überprüfung nötig. Die Zusätze können Vor- und Nachteile besitzen. Folgendes ist in letzter Zeit bekannt geworden:

Undekansulfat ist in Penicillinsalben erwünscht, da dadurch die Penicillase inaktiviert wird.

Tween 80 inaktiviert die Tyrothricinwirkung.

Teere, Phenol, Resorcin und Naphthol werden durch Zusatz oberflächenaktiver Stoffe penetrationsfähig und können zu Vergiftungen führen (LEHMANN[1]). Die pharmazeutisch gut aussehenden Salben müssen daher klinisch geprüft werden.

Als penetrationsfördernde Maßnahme wurde verschiedentlich das Einschallen mit Ultraschall versucht.

ZAUBITZER[2] hat nun festgestellt, daß dies, durch die undurchlässige Hornschicht gebremst, nur dann möglich ist, wenn man die Haut vorher z. B. mit Stahlwolle aufrauht. Dann wird mit 1000 kHz und 3,5 Watt pro ccm Resorption erreicht.

Die Jontophorese tritt gegenüber dem Ultraschall in den Vordergrund.

Lebertransalben

Auf dem Gebiete der Lebertransalben hat man keine Neuentwicklungen, wohl aber Ergänzungen gefunden.

Auf der Suche nach Antibioticis prüfte man auch den Lebertran. BERGER[3] hat auf seine antibiotische Wirkung aufmerksam gemacht, doch bewies kurz darauf SABALITSCHKA[4], daß die Wirkung auf Peroxyde zurückzuführen sei, die sich erst bilden, wenn man Luft durch den Tran perlen läßt oder ihn oberflächlich verteilt dünnschichtig der Luft ausgesetzt hält.

SOLOMIDES[5] hat Lebertran gekrakt, also bei Luftzutritt destilliert, die Destillate haben ihm zufolge antibiotische Eigenschaften. Unsere Versuche konnten seine klinischen Resultate nicht bestätigen.

FIEDLER[6] konnte nachweisen, daß die Peroxyde, die sich an den Doppelbindungen bilden, bakteriostatisch und wundheilend wirken. Es ist also im weiteren Sinne der ungesättigte Charakter, der den Hauptteil der Wirkung bedingt.

---

[1] LEHMANN: Schweiz. Apoth.-Ztg. **92**, 768 (1954).
[2] ZAUBITZER: Med. Klin. **1950**, 7.
[3] BERGER: Ther. Gegenw. **1950**, 53.
[4] SABALITSCHKA: Ther. Gegenw. **1950**, 297.
[5] SOLOMIDES: J. Inst. Pasteur **78**, 227 (1950).
[6] FIEDLER: Fette u. Seifen **52**, 12 (1950).

Bisher hat man die Lebertranwirkung auf die ungesättigten Fettsäuren und Vitamine zurückgeführt, jetzt kommt noch, wenigstens bei älteren Tranen und großoberflächlicher Verteilung, die Peroxydwirkung hinzu. Der Begriff Antibioticum wird durch die überweitete Fassung, die sogar die niederen bzw. ungesättigten Fettsäuren der Lebertrankrakung und die Peroxyde einbezieht, unnötig entwertet.

Die Erweiterung der Rohstoffbasis kann von Interesse sein. Im Zuge solcher Versuche hat CMELIK[1] Rochen- und Haifischlebern der Adria in dieser Richtung untersucht. Die daraus gewonnenen Trane hatten dem Dorschtran ähnliche Konstanten, enthielten aber wenig oder kein Vitamin A. Trotzdem hält sie der Autor zur Salbentherapie unter Bezugnahme auf die Arbeiten von SEIRING[2] und JECEL[3] für geeignet, da ja der Wert des Tranes auf die ungesättigten Fettsäuren zurückzuführen sei.

Als neues Präparat ist *Unguforte* (Heyl) zu erwähnen. Es besteht aus einer Mischung des bekannten Unguentolan mit 20% Sulfonamid. Zum Unterschied von ex tempore bereiteten derartigen Mischungen verfärbt sich diese Kombination nicht.

Hormone und körpereigene Substanzen

Allgemeines

Die Anwendung der *Percutantherapie* ist nur in den Fällen indiziert, in denen es auf keine genaue Dosierung ankommt. GRIEGAT[4] weist darauf hin, daß die Resorptionsverhältnisse der Haut nicht konstant sind. Für die Penetration ist die Lipoidlöslichkeit des Wirkstoffes Voraussetzung, wobei bestimmte Teilungskoeffizienten zwischen Wasser und Öl erforderlich sind. Stark hydrophobe Anelektrolyte und stark dissozierte Elektrolyte passieren die Haut nur, wenn man sich der Jontophorese bedient.

Besondere Bedeutung erhält die Frage nach der Permeabilität von differenten *Hormonen*. GOHLKE[5] weist im Hinblick auf die Penetration der Placenta Serol Grundlage darauf hin, daß Salben mit Lanolin, Vaselin und Öl nach 2—6 stündigem Kontakt einen Fluorescenzfarbstoff nicht tiefer als in die oberflächliche Hornschicht abgeben. Wäßrige Lösungen zeigen allerdings eine größere Penetration des Farbstoffes bis in die basale Grenzschicht. Bedauerlicherweise kann man Farbstoffe und Hormone aber nicht miteinander vergleichen, so daß diese Versuche nicht übertragen werden dürfen. MIESCHER[6] glaubt, daß ein befriedigender Tiefeneffekt nur mit wäßrigen alkalischen Lösungen und außerdem mit Pyridin erreicht werden kann, während Salben nur eine oberflächliche Durchtränkung der Hornschicht bewirken. Bei Versuchen an der Meerschweinchenpfote zeigte die untere subcorneale Grenzschicht eine undurchlässige Barriere, wobei auch an der Katzenpfote die Fluorescenz-

---

[1] CMELNIK: Farmaceutsky Glasnik 4, 7 (1950).
[2] Zitiert in Salben, Puder, Externa; III. Aufl.
[3] Zitiert in Salben, Puder, Externa; III. Aufl.
[4] GRIEGAT, H.: Dtsch. med. J. 1954, H. 9—10.
[5] GOHLKE, H.: Kosmetikrdsch. 1954, Mai/Juni.
[6] MIESCHER, G.: Dermatologica (Basel) 83, 1/3 (1941).

grenze nur bis an die Grenze des lebenden Epithels heranreichte. Ein wesentlicher Einfluß durch die Schweißdrüsenausführungsgänge auf den Tiefeneffekt konnte dabei nicht festgestellt werden. In dieser Richtung sind wir also in keiner Weise weitergekommen, denn Pyridin ist ein starkes Gift und die Alkalien wirken erst in hautzerstörenden Konzentrationen.

Besonderes Interesse für die praktische Kosmetik hat die Frage, ob Hormone bei dauerndem, täglich stundenlangem Kontakt, z. B. bei Massagen mit Hormonsalben, das Tragen von Gummihandschuhen für die Masseusen erfordern, um hormonale Schädigungen auszuschalten. KOETZING[1] berichtete über Schädigungen bei der Herstellung eines Stilbenpräparates, wobei die Aufnahme von Lösungen durch die Haut und in Staubform durch die Atemwege erfolgte. VOSS[2] beobachtete Hypotrophie der Mamma durch kosmetische Hormonsalben, wobei unliebsame Störungen des Cyclus nach längerer Anwendung hervorgerufen werden können. In einer Rundfrage in der „Berufsdermatose" empfiehlt SCHREUS[3] bei Massagen mit Hormonsalben die Verwendung von Gummihandschuhen, während bei der Zubereitung und Abfüllung der Salben diese nicht erforderlich seien. Zu ähnlichen Resultaten kommt Voss bei der Besprechung echter Hormonsalben, während er bei Placentapräparaten einen solchen Schutz nicht für nötig hält, da die im Handel befindlichen Präparate weder oestrogene noch gonadotrope Hormone in meßbaren Mengen enthielten.

Nun zu den Einzelheiten:

Blut- und Plasma-Salben

ALLGÖWER[4] und LEHMANN[5] berichten von Blutfrischsalben. Das Vollblut wird mit kleinsten Penicillindosen und einem Desinfiziens, gegebenenfalls unter Zusatz von Salbenbestandteilen zu einer Salbe verarbeitet. Die Präparate halten sich im Eisschrank eine zeitlang und werden ambulant bei Wunden verwendet.

Nicht nur Frischblut wird verarbeitet. Vorläufige Versuchsergebnisse haben auf eine neue Anwendungsmöglichkeit für Trockenplasma bei der Behandlung von Drucknekrosen nach Aufliegen hingewiesen. Die Heilerfolge dieser Methode sind nach einem Bericht von CLARC u. RUSK[6] aufsehenerregend. Man vermutet, daß das Plasma ein Enzym enthält, das für den Abbau von Eiweißkörpern sorgt und dadurch eine ständige Reinigung der Druckgeschwüre von abgestorbenem Gewebe bewirkt. Die Folge ist, daß in kürzester Zeit Bedingungen geschaffen werden, die der Bildung von Granulationsgewebe günstig sind. Vielleicht, meint der Referent, kann man die Salbe auch bei anderen Arten von nicht schmerzenden Geschwüren mit Erfolg verwenden.

[1] KOETZING: Berufsdermatosen **1955**, H. 3.
[2] VOSS: Berufsdermatosen **1955**, H. 3.
[3] SCHREUS: Berufsdermatosen **1955**, H. 3.
[4] ALLGÖWER: Dtsch. Apotheker-Ztg. **47**, 887 (1952).
[5] LEHMANN: Dtsch. Apotheker-Ztg. **47**, 887 (1952).
[6] CLARC u. RUSK: Ref. in Mitt. chem. Forsch.inst. Österr. 8, 2 (1954).

Biodermal (Biotest Seruminstitut) enthält aus dem Mischblut gesunder Blutspender native Erythrocyten, Leukocyten und Thrombocytentrümmer, mit „molekularem" Sauerstoff beladenes Hämoglobin und dessen Spaltprodukte, homogenisiertes Fibrin und Serumbestandteile in einer neutralen, reizlosen Salbengrundlage von emulgierenden Wollfettalkoholen, Cholesterin und alipathischen Kohlenwasserstoffen.

Frischhormonsalben

nach ZAJICEK kann man folgendermaßen[1] herstellen:

Man verarbeitet Ovarien im Fleichwolf zu einem homogenen Brei. Zu je 250 g des Breies werden 5 g Oleum Pini pumilionis und 5 g Adulsion zugefügt und das Ganze zu einer Masse homogenisiert. Die Salbe ist auf Eis gelagert einige Tage haltbar.

Der Originalvorschrift ZAJICEKs[2] zufolge werden die verriebenen Drüsen ausgepreßt und der Preßsaft mit Nelkenöl und Agar zu einer Paste verarbeitet.

Man frägt sich unwillkürlich, welchen Vorteil solche komplizierten Salben heute noch vor Präparaten aus gefriergetrockneten Organen besitzen.

Placenta-Salben

Auf Grund der Arbeiten von GATE u. VACHON[3]; KLUDAS u. KNOBLOCH[4] sowie TARANTINO[5], hat das Interesse für Placentasalben zugenommen. Als Indikationen kommen einerseits endokrin bedingte Dermatosen und Mammahypoplasien, andererseits lokale Schäden am Gefäßsystem und Rheuma in Frage. Darüber hinaus hat sich auch die Kosmetik dieser Salbe bemächtigt.

Placentolsalbe (Hydrierwerke Rodleben) besteht aus 25 % frisch bereitetem Placentaextrakt und 75 % Unguentum Lanetti.

BURGER u. WENZEL[6] stellten bei peripheren Zirkulationsstörungen einschließlich der Ulcera cruris eine durchblutungsfördernde Wirkung nach Einreibung mit *Placenta-Serol* (Merz, Frankfurt) fest.

Placentormonsalbe (Labopharma, Berlin) und *Placentansalbe* sind weitere derartige Präparate. Mit letzterer hat TRONNIER[7] interessante Versuche angestellt. Er untersuchte die wechselseitige Beeinflussung des Placentaextraktes und der UV-Bestrahlung auf der Haut. Es zeigte sich, daß die Erythembildung durch gleichzeitige Applikation des Extraktes in Salbenform verstärkt wurde. Dies läßt auf eine Verbesserung der Durchblutung und Steigerung des Stoffwechsels in der Haut schließen.

---

[1] Dtsch. Apotheker-Ztg. **38**, 718 (1951).
[2] ZAJICEK: Sched. Patent Nr. 104976.
[3] GATE u. VACHON: Ann. de Dermat. **5**, 45 (1951).
[4] KLUDAS u. KNOBLAUCH: Med. Klin. **1952**, 44.
[5] TARANTINO: Fol. Endocrin. **4**, 2 (1951).
[6] BURGER u. WENTZEL: Med. Klin. **1953**, 17, 603.
[7] TRONNIER: Arzneimittel-Forsch. **4**, 627 (1954).

Blutungsfördernde und -hemmende Substanzen

Hirudin, bzw. hirudinähnliche Substanzen sind in der *Hirudoidsalbe* (Luitpoldwerk) enthalten. Einen Bericht über diese Salbe brachte SCHEDEL[1]. Sein Material umfaßte 1500 Patienten, bei denen die Thrombosehäufigkeit auf 0,42%, die der Embolien und Infarkte auf 0,21% senken konnte (ROGGENBAU[2]). Die Heparinresorption wird durch diesen Zusatz nach STÜTTGEN u. WEIDENBACH[3] deutlich verstärkt. Die Salbe dient vor allem zur Lokalbehandlung von Thrombosen und Thrombophlebitiden.

Thrombophobsalbe (Nordmark-Werke): Salben mit 5000 i. E./cm³ Heparin und 0,75% Pyridin-Carbonsäure-Benzylester.

Thrombosanol (Dr. Uhlhorn GmbH) stellt einen Extrakt aus Herba- und Rhizoma Filicis, Solidago Virgaurea dar, der als Verdünnung 1:3 zu Umschlägen empfohlen wird.

Thrombo-Tuffon (Lingner-Werke GmbH) enthält aktives Thrombin (Thrombase) in quellfähigem Traganth und wird als lokales Hämostypticum in Pulverform angewandt.

Hautextrakte

und Thymus sind seit nahezu 30 Jahren der Wirkstoff der *Amor Skin-Salbe*. Vor dem Kriege haben sich zahlreiche Autoren mit diesem Problem beschäftigt. BICKEL, MEMMESHEIMER u. a. zeigten, daß es sich um ein durchaus ernst zu nehmendes Präparat handelt. Es wäre zu wünschen, daß alle Hersteller kosmetischer Organextraktsalben sich ähnliche exakte Unterlagen ausarbeiten ließen.

Ederma (Vernix Caseosa arteficialis) stellt eine eiweiß- und fetthaltige Creme dar, welche die natürlichen Schutz- und Aufbaustoffe der Vernix Caseosa des Neugeborenen, wie Cholesterin, Lipoide, Albuminoide usw. enthalten soll. Die schwachsaure Reaktion der Oberflächendecke soll den Schutzstoffen der Haut dienlich sein und eine Verseifung oder Fortschwemmung der oberflächlichen Hornschicht beim Säugling verhindern. Die Vernix Caseosa überzieht die Haut wie ein weicher Käse, ohne die Drüsenausführungsgänge zu verstopfen.

Cortison

Die Behandlung schwer beeinflußbarer Krankheitsbilder, wie Pemphigus, besonders in der umschriebenen Form, Dermatitis herpetiformis, Lupus erythematosus und die sehr häufigen Formen der Atopic disease wurden von vielen Autoren in letzter Zeit mit Hydrocortisonacetatsalbe durchgeführt. Das Hydrocortison wurde zunächst in 2,5%, jetzt fast allgemein in 1% Konzentration in verschiedenen Salbengrundlagen inkorporiert. Über die optimale Salbengrundlage, insbesondere über die beste Diffusion des Hormons ist bisher noch nichts bekannt. Jedenfalls ist es erstaunlich, in wie eindrucksvoller Weise die Hydrocortisonsalbe

---

[1] SCHEDEL: Arch. f. Dermat. **194**, 376 (1952).
[2] ROGGENBAU: Materia Medica Nordmark **4**, 8 (1952).
[3] STÜTTGEN u. WEIDENBACH: Dermat. Wschr. 1952, 1164.

wirkt, selbst wenn bei nässenden Hautaffektionen ein Gewebssaftstrom durch die Desepithelisierung nach außen geht und nur Spuren von der Salbe resorbiert werden können. Diese kleine Hydrocortisonkonzentration an den Stellen der erkrankten Haut genügt offenbar, um den von den oft sehr gequälten Patienten als wunderbar bezeichneten Heilerfolg zu veranlassen. Auch schwere Fälle von Pruritus senilis konnten wir mit dieser Salbe fast momentan auslöschen. McCORRISTON[1] erwähnt, daß bei 60% der Fälle kein Rückfall eintritt. Ein auffallendes Symptom ist bei dieser Behandlung auch die Besserung an unbehandelten Hautflächen, für deren Ursache noch keine ausreichende Erklärung gegeben werden kann.

2,5% Hydrocortison in Carbowaxsalbe bewährte sich nach NEWMAN u. FELDMAN[2] bei Lupus erythemathodes und Necrobiosis lipoidica. SPIESS u. STONE[3] verwendeten dieselbe Konzentration als Salbe und ergänzten die Therapie durch Injektionen. Sie glaubten so bessere Resultate bei Psoriasis zu sehen als mit Injektionen allein. McCORRISTON empfiehlt Hydrocortison in Polyäthylenglykolsalben (1—2,5%) bei Kinderekzemen.

Bei Heufieber applizierte ZADUNAISKY[4] kleine Gelkügelchen einer Cortisonverarbeitung 4—5mal täglich in den Nasenraum.

Zusammenfassend wird hervorgehoben, daß die Lokalapplikation von Cortison vollständig versagte, aber das Hydrocortison, auch als Compound F bekannt, sich als wirksam erwies. M. B. SULZBERGER[5] hebt hervor, daß man praktisch beliebige Dosen von Hydrocortison in die Haut einreiben kann, ohne daß es zu einer Erhöhung der Steroidausscheidung im Urin kommt. „Wir können also mit diesem Hormon eine wirklich gezielte Hauttherapie betreiben, und ich möchte sagen, wir besitzen in ihm eines der brauchbarsten lokal und extern anwendbaren Medikamente, das wir je zur Verfügung hatten."

Nun zu den Spezialpräparaten:

Neo-Cortef (Upjohn, USA) enthält Hydrocortison und Neomycin.

Incortin H-Salbe (Merck, USA) mit 1% Hydrocortisonacetat wird bei allergischen Dermatitiden empfohlen.

In Deutschland ist die *Hydrocortisonsalbe Ciba* im Handel. Ihr Wirkstoff ist 1% Hydrocortisonacetat.

Von Schering ist Scheroson F-Salbe, sowie Scheroson F-Kompositum und Scheroson ophthalm. zu nennen, die beiden letzteren enthalten bactericide Substanzen.

Ferner ist *Hydrocortisonsalbe* (Hoechst) 1%ig zu nennen.

Hydrocortimycin (Efeka) enthält Hydrocortisonacetat und Neomycinsulfat. Eine 1- und 2,5%ige Hydrocortisonacetatsalbe sind im Handel, ferner von der gleichen Firma eine Hydrocortimycinaugensalbe.

---

[1] McCORRISTON: Canad. Med. Assoc. J. 70, 59 (1954).
[2] NEWMANN and FELDMAN: J. Invest. Dermat. 17, 3 (1951).
[3] SPIES and STONE: South. Med. J. 43, 871 (1950).
[4] ZADUNAISKY: Semana Med. 1951, 527.
[5] SULZBERGER, M. B.: Fortschritt der praktischen Dermatologie und Venerologie, Bd. 2, S. 114, 1955.

Ficortril (Pfitzer, C. H. Boehringer, Ingelheim) enthält das Hydrocortison in Form des sogenannten freien Alkohols und als Acetat. Es ist als 1- und 2,5%ige Hautsalbe, sowie als 0,5- und 2,5%ige Augensalbe im Handel, ferner als Augensuspension mit Terramycin.

Fludrocortison ist 9 α Fluorohydrocortison. Es soll in Salbenform 25mal wirksamer sein als Hydrocortison. 0,5% genügen als Konzentration (FRIED u. SABO[1]), ebenso Fludrocortone (0,1%) von KNOLL.

Oestrogen 2,5 mg pro g Salbe und täglicher zusätzlicher Gabe von 5 mg per os erzielten bei hartnäckigen Acnefällen männlicher und weiblicher Patienten in 60% der Fälle ausgezeichnete Erfolge (SHAPIRO[2]).

Progynonsalbe (Schering) enthält Oestradiol (0,1 mg pro 1 g Salbe).

Fermentsalben

Nekroderma der Kalichemie enthält 1% Pankreasferment und Penicillin in einem gepufferten und konservierten Tyloseschleim und bewährt sich nach GREUER[3] bei Verbrennungen, die narbenfrei zur Abheilung kommen. Die Masse wird fertig zur Frischanwendung herausgebracht. Unter Beachtung steriler Kautelen kann man kurz vor Verwendung weitere Antibiotica oder Sulfonamide zufügen.

Die Nekrosen werden unter dünnem, feuchtwarmem Verband verdaut, die gesunde Haut nicht angegriffen.

Nach erfolgter Abdauung verwendet man 5—6 Tage lang Zinköl, dem 10% Lebertran und 5% Marfanilprontalbin zugefügt werden. TRENDTEL[4] bestätigt die Erfahrungen GREUERS.

Bei Acrodermatitis atrophicans empfiehlt ROST[5] Pankreaspräparate wie *Pancrederma* und *Pyosolva* einzumassieren. Daneben gibt man innerlich Pancreon.

Der Kuriosität halber sei erwähnt, daß in illustrierten Zeitungen eine Lipasesalbe angeboten wird, die — so behauptet der Erzeuger — durch die Haut gezielt wirkt. Man streicht sie über den Fettpolstern auf die Haut und diese schwinden.

Varidase (Lederle) enthält 2 Enzyme, die Streptokinase 100000 E und die Streptodornase mindestens 25000 E oder: Streptokinase 20000 E und Streptodornase mindestens 5000 E. Diese Enzyme wurden aus dem Kulturmedium sezerniert und vor dem Gefrieren und Trocknen von Bakterien getrennt gereinigt und gefiltert. Sie entfalten ihre beste Wirkung in leicht alkalischer Lösung. In der Varidase können auch noch kleine Mengen Hyaluronidase und Ribonuclease vorhanden sein. Die Streptokinase aktiviert im menschlichen Serum ein fibrinolytisches Enzym, das dann Fibrin in Polypeptide spaltet. Die Streptodornase wirkt auf die Desoxyribonucleinsäure, welche die Grundbestandteile der Zellkerne ist und 30—70% des Sediments auf eitrigen Exsudaten

---

[1] FRIED u. SABO: J. Amer. Chem. Soc. **76**, 1455 (1954).
[2] SHAPIRO: Arch. of. Dermat. **63**, 224 (1951).
[3] GREUER: Bruns' Beitr. **177**, 213, 637 (1948). — Dtsch. Gesundheitswesen **3**, 214 (1948). — Dtsch. med. Wschr. **1949**, 1205.
[4] TRENDTEL: Ärztl. Wschr. **1950**, 34.
[5] ROST: Med. Klin. **1949**, 27, 878.

ausmacht. Das Nucleoprotein wird in freie Purinbasen und Pyrimidin-
nucleoside gespalten. Dadurch wird eine beträchtliche Verminderung der
Viscosität von eitrigen Exsudaten hervorgerufen. Die Streptodornase
wirkt aber nicht auf die Kerne in lebenden Zellen ein.

Extern ist die Varidase dort indiziert, wo geronnenes Blut, fibrinöse
oder eitrige Ansammlungen in unerwünschter Weise vorhanden sind.
Dies dürfte hauptsächlich bei torpiden und verschmierten Röntgen-
ulcerationen oder Ulcera cruris zutreffen. Wir hatten besonders auf-
fallenden Erfolg in folgenden Fällen: 2 röntgenbestrahlte Melanomulcera
an Hand- und Fußrücken zeigten seit Monaten keine Heilungstendenz,
bei beiden Ulcerationen lagen bereits die Sehnen frei. Nach Varidase-
applikation zeigte sich schon nach einigen Tagen eine auffallende Reinigung und die Überhäutung war nach 3 Wochen abgeschlossen, wobei
allerdings Ruhigstellung in Gips erfolgte.

Gelee royal der Nährstoff der Bienenköniginnen kann in Salben nicht
fehlen, und ist hier, bei den Vitaminen oder am besten wohl bei den
Kuriositäten anzuführen. Das FP 1077004 schützt 2—10%ige Verarbeitungen in Lanettesalben. Die Konzentration kann bis zu 1:10000 gesenkt
werden. Das Optimum liege bei 5%.

Durchblutungsfördernde Salben

Es handelt sich hierbei um Medikamente, die einmal eine lokale Hyperämie bewirken, zum zweiten auf dem Reflexwege bei entsprechender
segmentaler Anwendung auch tiefer gelegene Gewebe bzw. Organe beeinflussen können.

Das *Rubriment* der Nordmark-Werke enthält Pyridin-β-carbonsäure-
benzylester und ist als Salbe, Tinktur und Öl im Handel. Es dient vor
allem zur Behandlung peripherer Durchblutungsstörungen und rheumatischer Erkrankungen, als Tinktur auch zur Therapie der Alopecia areata.
BOLTE[1] hat Rubriment bei verschiedenen Hautkrankheiten diagnostisch
angewendet. Bei Neurodermitis bleiben die Temperaturerhöhung und
Rötung aus oder sind schwach, bei Ekzemen und Morbus DUHRING sind
sie stark. Bei Ulcera cruris kann man differentialdiagnostisch feststellen,
ob es sich um Störungen des venösen Abflusses oder um arteriosklerotische
Schäden handelt.

Die *Glutisalsalbe* (Ravensberg) ist ebenfalls eine hyperämisierende
Salbe zur Behandlung rheumatischer Erkrankungen. Sie enthält 15%
Glutisal (chemische Zusammensetzung nicht genannt), 1% Nicotinsäure-
benzylester und eine Aminobenzoyläthanolverbindung (TRUMP[2]).

Die *Akrothermsalbe* (Desitin, Hamburg) enthält Nicotinsäure-benzyl-
ester und ,,vasoaktive" Organextrakte. Die Hyperämie tritt bei Rosacea
(GLEIMER[3]) in 5—10 min auf und bleibt etwa 2 Std bestehen.

Die wirksamen Substanzen der *Finalgonsalbe* (Thomae, Biberach) sind
Nicotinsäure-β-butoxyäthylester und Nonylsäurevanillylamid.

---

[1] BOLTE: Hautarzt **3**, 7, 304 (1952).
[2] TRUMP: Berliner Ges.-Blatt **1954**, H. 20.
[3] GLEIMER: Hautarzt **2**, 319 (1951).

Für die gleichen Indikationen wie die genannten Salben dient die *Benervasalbe* mit Acethylcholin (Hoffmann-La Roche).

Weitere entsprechende Präparate sind das *Hyperämol* (Krewel), dessen wirksame Substanzen Ameisensäureäthylester, Dijodpropylthiocarbamid, histaminähnliche Substanzen, Pflanzenauszüge und Kohlenwasserstoffe sind, sowie das *Therment* der gleichen Firma, das Pyridin-3-carbonsäureester, Benzylamine, ätherische Öle und Jod-Terpene enthält.

Ganglienblocker

die ganglienblockierende Substanz *Pendiomid* setzt, in eine Lanettesalbe eingearbeitet, einerseits die Ansprechbarkeit der Haut auf intracutane Reaktionen von Histamin und Adrenalin herab. Andererseits steigt die Reaktivität auf Acetylcholin (SCHMITZ[1]). Man wird dies vielleicht therapeutisch verwenden können.

Vitamine in Salben

Vitamin A

G. VELTMANN[2] gibt eine geschichtliche Einleitung. Xerophtalmie war schon dem heiligen Hieronymus bekannt. Vitamin A-Mangel kann Ursache von Dermatosen sein. Vitamin A ist auch im gesunden Stoffwechsel großen Schwankungen unterworfen. Die Vitamin A = Ausscheidung ist ungeklärt. Bei Nephritis, Nephrose, Verschlußicterus, Pneumonie, Lebercirrhose, Tumormetastasen, Haut-Tbc, Erythematosus und Lues konnte eine Vitamin A = Ausscheidung im Urin festgestellt werden. Ebenfalls kommt bei Erythrodermien eine Vitamin A = Ausscheidung im Urin vor. Während über die Hypo- bzw. A-Vitaminosen zahlreiche Berichte vorliegen sind beim Menschen im Gegensatz zu den Tierversuchen (Ratte) *A-Hypervitaminosen* selten, da die Sicherheitszone sehr breit ist.

S. LEIPOLD[3] beschreibt in seiner Arbeit über Vitaminbehandlung in der Dermatologie ein 23 Monate altes Kind, das durch die besorgte Mutter täglich bis 500 000 USP-Einheiten also die 75 fache Menge der empfehlenswerten täglichen Gabe von Geburt an erhalten hatte. Dabei traten folgende Erscheinungen auf: Reizbarkeit, Appetitlosigkeit, Knochenschmerzen (Vorderarme), Periostschwellungen (Schienbein), Hinken, Lebervergrößerung, erhöhter Lipoid- und Phosphatspiegel, erniedrigter Proteinspiegel.

PORTER, GODDING u. BRUNAUER[4] berichten über die günstige manchmal durchschlagende Wirkung der *Vitamin A-Behandlung* bei der DARIERschen Erkrankung, Dosis: 100000 E täglich.

JONES u. SMITH[5] geben eine Literaturübersicht und eine Kasuistik von 2 Fällen bei jungen Männern: Wegen gewisser klinischer und histo-

---

[1] SCHMITZ: Dermat. Wschr. **1951**, 292.
[2] VELTMANN, G.: Hautarzt **1950**, 11.
[3] LEIPOLD: Hautarzt **1950**, 9.
[4] PORTER, A. D., E. W. GODDING and S. R. BRUNAUER: Arch. of Dermat. **56**, 306—316 (1947).
[5] JONES, P. E., and D. C. SMITH: Arch. of Dermat. **56**, 425—436 (1947).

logischer Anklänge der Krankheit an Vitamin A-Mangelerscheinungen denkt Verf. an die Möglichkeit eines kausalen Zusammenhanges.

Angeregt durch Erfolge bei interner Medikation von *Vitamin A* bei Hyperkeratosen und besonderen Acneformen wurden im letzten Jahr mehrfach auch A-Vitaminhaltige Salben diskutiert. In einer größeren klinischen Versuchsreihe hat der eine von uns Vitamin A als Öl und in einer Salbengrundlage bei Hyperkeratosen verschiedener Ursachen sowie auch in einer Anzahl von Acnefällen verabfolgt. Es wurde von einer internen Medikation in diesen Fällen abgesehen. Im Gegensatz zu anderen, auch amerikanischen Autoren konnte bei diesem Versuchsgang keine eindeutige Beeinflussung der Krankheitsbilder festgestellt werden. Es wurde sogar in einer Anzahl von Fällen eine ausgesprochene Reizung nach A-Vitaminhaltigen Grundlagen gesehen. Ein antihyperkeratotischer Effekt erscheint also mindestens umstritten. Dieser Befund deckt sich mit den eindrucksvollen Untersuchungen von A. STUDER[1]. Nach diesem Autor wurden bei der Ratte nach großen Dosen von A-Vitamin ausgesprochen pharmakodynamische Wirkungen auf der Haut in Form einer Vermehrung der basalen Zellschicht, deutlicher Acanthose, sowie Rötung, Schwellung und Haarausfall festgestellt. Diese Erscheinungen konnten nicht nur nach parenteralen Dosen, sondern auch nach lokaler Applikation von 40 000 E synthetischem A-Vitamin-Palmitat hervorgerufen werden.

Ascorbinsäure

GUSEJNOV[2] berichtet über ein Vitamin C-reiches Konzentrat aus unreifen Walnüssen, das mit 1—3% Ascorbinsäure verstärkt, mit Tannin, Eisen und Phosphor ergänzt, bei Dermatitiden empfehlenswert sein soll. Auf die Inkompatibilität Tannin-Eisen sei nur am Rande verwiesen.

Pantothensäure

Die Möglichkeit Sulfonamid und penicillinresistente Bakterienstämme mit Pantothensäure zu resensibilisieren war für STRAHM[3] der Anlaß, das Vitamin lokal anzuwenden. Er gebrauchte *Gantrisin-Bepanthen-Salbe* mit 10—20% Gantrisin und 5—12% Bepanthen und einen ähnlichen Puder, bei Brustwarzenrhagaden und zur Mastitisprophylaxe.

Pantothensäure, bzw. deren Alkohol ist als Wirkstoff in der 5%igen *Bepanthensalbe* (Hofmann-La Roche) enthalten. So umstritten die Säure als Antifaktor für graues Haar ist, so wertvoll ist sie als wundheilendes Vitamin. MISCHINGER[4], LEDER[5] sowie BERGER[6] berichteten von guten Erfahrungen.

KADEN[7] erwähnt auch die Pantothensäurecreme, mit der Schweizer Mediziner gute Resultate im Hinblick auf die Verhinderung des Ergrauens beobachtet haben wollen.

---

[1] STUDER, A.: Z. exper. Med. 121 (1953).
[2] GUSEJNOV: Vestn. Venerol. 3, 46 (1950).
[3] STRAHM: Zbl. Gynäk. 49, 1924 (1953).
[4] MISCHINGER: Wien. med. Wschr. 1954, 48.
[5] LEDER, Schweiz. med. Wschr. 1946, 36.
[6] BERGER: Wien. med. Wschr. 1954, 5.
[7] KADEN: Zbl. Hautkrkh. 11, 351 (1951).

Vitamin E

Die heilungsfördernde Wirkung von α-Tocopherolacetat bei der Behandlung von Unterschenkelgeschwüren, die auf einer Stauung beruhen, wird von LEE[1] bestätigt. Er und einige andere Autoren gaben das Präparat jedoch nicht lokal, sondern oral, als Evion forte oder Ephynal (Hoffmann-La Roche).

Vitamin K

verwendet man lokal, als Salbe und Lösung auf Grund seiner antimykotischen Wirkung. NÉKÀM[2] und GRIMMER[3] berichten darüber.

Essentielle Fettsäuren

Wenn wir von Vitamin F sprechen, so sind wir uns bewußt, daß kein echtes Vitamin im Sinne der Definition vorliegt. Es handelt sich vielmehr um essentielle Fettsäuren, die fälschlich in der gesamten Literatur und insbesondere der Werbung als Vitamin F bezeichnet werden.

Der Begriff ,,Vitamin F" sei hier trotzdem beibehalten, da er wesentlich einfacher ist und mit den vorliegenden Arbeiten besser übereinstimmt, da insbesondere die Hersteller derartiger Salben den richtigen Sachverhalt, wahrscheinlich aus propagandistischen Gründen, nicht zur Kenntnis nahmen.

Wie HOLMANN[4] ausführte, kann man die essentiellen Fettsäuren, die auch die Vitamin B_{12}, B_6 und E-Wirkung beeinflussen, in zwei Gruppen unterteilen. Die Linol- und die Arachidonsäure bilden die eine, sie heilen die Hautsymptome und stellen das Wachstum wieder her. Sie müssen von der Linolensäure und den Säuren, welche die Fettmangelsymptome nicht beeinflussen, wohl aber das Wachstum anregen, getrennt behandelt werden. Wahrscheinlich ist die Linolsäure *die essentielle Fettsäure* schlechthin, denn nur sie erfüllt alle Funktionen einer solchen. Die Heilwirkung der essentiellen Fettsäuren dürfte auf Peroxydbildung zurückzuführen sein.

Ähnliche Effekte treten auch auf, wenn man Fette mit UV-Licht bestrahlt. Dadurch entstehen Peroxyde, denen eine Heilwirkung zukommt. Diese Peroxyde wirken im Verband eines natürlichen Öles günstiger als in den isolierten Säuren, so daß nicht einzusehen ist, warum statt des 99 und mehr prozentigen ,,Vitamin F", das dann mit Paraffin verschnitten wird, nicht das billige Leinöl verwendet wird.

Die essentiellen Fettsäuren scheinen sich im Gewebe in die Wechselwirkung der SH- und SS-Gruppen einzuschalten (Übersicht bei KAUFMANN[5]). Inwieweit sich diese Sauerstoffübertragung auswirkt, kann heute noch nicht gesagt werden.

Die Behandlung mit ungesättigten Fettsäuren aus frischem Speck und Sonnenblumenöl empfiehlt sich bei chronischen Ekzemen, Milchschorfen

---

[1] LEE: Zbl. Hautkrkh. 85, 5./6. 335 (1953).
[2] NÉKÀM: Acta dermato-vener. (Stockh.) 31, 344 (1951).
[3] GRIMMER: Zbl. Hautkrkh. 12, 102 (1952).
[4] HOLMANN: Fette u. Seifen 53, 6 (1951).
[5] KAUFMANN: Fette u. Seifen 54, 2 (1952).

von Säuglingen und Kleinkindern (FOLBERTH[1]). CRONHEIM[2] hat ein bestrahltes Olivenöl mit einem Gehalt von 1,5% aktivem Sauerstoff mit gutem Erfolg zur Wundbehandlung eingesetzt.

Die Verwendung von Salben mit ungesättigten Fettsäuren ist in der Form der Lebertransalben insbesondere in der Chirurgie seit langem bekannt. SCHNEIDER u. WAGNER[3] haben auf das vorliegende Schrifttum hingewiesen. In Deutschland hat dann besonders GRANDEL um 1930 das Weizenkeimöl zum externen und internen Gebrauch empfohlen und Anlaß zu breiten Diskussionen für und gegen das sogenannte Vitamin F gegeben. MUSGER, ZIRM u. SCHAUENSTEIN[4] halten die conjugiert ungesättigten Fettsäuren für besonders wirkungsvoll.

SCHMIDT-LA BAUME[5] berichtete über Blutzuckerspiegelsenkungen bei larvierten Hyperglykämien, bei chronischen Seborrhoen, Ekzemen und Furunkulosen mit dem Präparat *Linacidin* (Rheinchemie). SCHNEIDER u. Mitarb.[3] unternahmen Versuche zur Prophylaxe und Behandlung der Acne vulgaris, verschiedener follikulärer Hyperkeratosen (Pityriasis rubra pilaris) und auch der Psoriasis als Verhornungsstörung. Sie sahen „ermutigende Erfolge", die vom Vorhandensein eines antikeratinisierenden Prinzips überzeugten. Die perorale Behandlung der Acne mit A-Vitaminen ist ja seit langer Zeit bekannt, da das Krankheitsbild als A-Vitamin-Mangelkrankheit angesehen wurde (BEHRMANN, SAVITT, OBERMAYER, LEITNER u. S.). Demgegenüber bestritt FLESCH[6] diese Ätiologie und glaubt aber an die antikeratinisierende Wirkung von ungesättigten Substanzen und Fettsäuren, besonders des Oleins und der Linolsäure.

Die Bedeutung der ungesättigten Fettsäuren für die Dermatologie wurde auch von FIEDLER[7] untersucht. Leberöl hat wegen seines hohen Gehaltes an mehrfach ungesättigten Fettsäuren ein besonderes Interesse. In einem Überblick über die Wirksamkeit der Vitamine A und D im Leberöl neigt der Verf. zu der Auffassung, daß der hohe Gehalt an ungesättigten Fettsäuren für die beobachteten Erfolge auch bezüglich der bactericiden Wirkung maßgebend ist.

Ähnliche Beobachtungen machten WEITZEL u. NAST[8], mit einer Kombination eines Mischglycerides, das die natürlichen Fettsäuren mit 8, 10 und 12 Kohlenstoffatomen zu gleichen Anteilen und einen Zusatz von Vitamin A enthält. Die Verff. sahen günstige Heilerfolge bei Verbrennungen, Psoriasis, Furunkulose, Follikulitiden, Schweißdrüsenabscessen, endogenem Ekzem, sowie Neurodermitis.

KLEINE-NATROP u. GERAUER[9] zeigten an Hand zahlreicher Analysen, daß Lebertransalben und eine Zinkoxydkühlsalbe bzw. Paste auf der

---

[1] FOLBERTH: Dtsch. med. Wschr. **1953**, 15, 64.

[2] CRONHEIM: J. Amer. Parmaceut. Assoc. **36**, 278 (1947).

[3] SCHNEIDER, W., u. A. WAGNER: Med. Klin. **1955**, 456.

[4] MUSGER, ZIRM u. SCHAUENSTEIN: Hautarzt **3**, 373 (1952).

[5] SCHMIDT-LA BAUME, F.: Hautarzt **2**, 525 (1951).

[6] FLESCH, P.: J. Invest. Dermat. **19**, 353 (1952).

[7] FIEDLER, H.: Fette u. Seifen **52**, 12 (1950).

[8] WEITZEL u. NAST: Hautarzt **2**, 359 (1951). [Zit. Kosmetik, Parfum, Drogenrdsch. **1**, 96 (1954)].

[9] KLEINE-NATROP u. GERAUER: Hautarzt **4**, 6 273, (1953).

Basis der Erucasäure, den gewöhnlichen „Vitamin F"-haltigen Salben, nicht aber den Konzentraten überlegen waren.

Auch in der Behandlung der Hämorrhoiden sind in dem Präparat *Alk-Anal* ungesättigte Fettsäuren eingesetzt, die eine stärkere Bindegewebswucherung im Bereich der Submucosa und der Venenwand zur Verödung der Hämorrhoiden hervorrufen sollen. BERLEB[1] berichtet über histologische Vergleichsuntersuchungen von excidierten Hämorrhoidenknoten mit und ohne Behandlung mit Alk-Anal und fand bei 70% eine deutliche Besserung der Beschwerden und bei über der Hälfte der Patienten eine Verkleinerung der Knoten.

Das *Linolaöl* (August Wolff, Bielefeld) sowie das *Linacidin* und die *Terracerinsalbe* (Beiersdorf) mit Vitamin A- und F-Gehalt wurden mit gleich gutem Erfolg verwendet. Ferner sind zu nennen das *Vitacosöl* (ein umgeestertes Weizenkeimöl amerikanischer Herkunft), *Unguentacidsalbe* (Antibak, Ravensburg) sowie das *Oleum pedum tauri* (OPT von Lange und Seidel, Nürnberg). Auch bei Psoriasis wurden mit externer Behandlung von conjugiert ungesättigten Fettsäuren von FELKE[2], GROSS u. KESTEN[3] Erfolge gesehen, während sie von WEITZEL u. NAST und SCHMIDT-LA BAUME abgelehnt wurden. Nach SCHNEIDER hat sich auch die *Vitacossalbe*, die auch noch E-Vitamin enthält, in 14 Fällen von Ichthyosis vulgaris bewährt. Bei der Behandlung des Ulcus cruris varicosum stellte sich bereits nach kurzer Zeit eine auffallende Schmerzfreiheit nach Behandlung mit reinem Weizenkeimöl ein und die Behandlungsdauer, selbst großer Ulcerationen, konnte bis auf $1/4$ verkürzt werden.

Demgegenüber muß betont werden, daß die ungesättigten Fettsäuren für das Epithel eine gewisse Reizwirkung aufweisen können und daher für kosmetische und therapeutische Beeinflussung der empfindlichen ekzembereiten oder sogar ekzematösen Haut ungeeignet sind (SCHNEIDER). Die *Unguentacidsalbe* erwies sich wegen ihrer gefäßstimmulierenden und antikeratinisierenden Wirkung zur Beseitigung callöser Geschwürsränder ebenso wie das Oleum pedum tauri recht gut.

Ähnlich wie die essentiellen Fettsäuren, die, wie erwähnt, über die Peroxyde zu wirken scheinen, dürften auch die Ozonide angreifen. Es handelt sich um Additionsprodukte von Sauerstoff an ungesättigten Fettsäuren. Das *Triolein-Ozonid*, das bei der Einwirkung von Sauerstoff auf Olivenöl entsteht, enthält 3% Sauerstoff, von dem ein Drittel ionisiert zur Verfügung steht. Eine Salbe mit 20% Ozonidzusatz sei in der Lage bei Keratosis palmarum den Hautstoffwechsel anzuregen und dadurch ausgezeichnete Erfolge zu erzielen.

Chlorophyll

Zwischen der letzten Ausgabe dieses Buches und heute ist der sogenannte Chlorophyllrummel durch die Welt gezogen, die Propaganda schlug Wellen und verebbte. Im Hinblick auf die äußerlich anzuwendenden

---

[1] BERLEB, M.: Med. Klin. 1953, 176.
[2] FELKE, H.: Hautarzt 1, 377 (1950).
[3] GROSS and KESTEN: New York State J. of Med. 26, 83 (1950).

Heilmittel blieb es verhältnismäßig ruhig, und wir konnten von Ferne beobachtend zusehen.

Das auslösende Moment war eine Publikation in der von einem gut, aber nicht kritisch beobachtenden Amerikaner mitgeteilt wurde, daß dem Chlorophyll eine geruchsbeseitigende Wirkung zukomme. Dies ist auch tatsächlich der Fall, und zwar überall dort, wo der Farbstoff im Eiweißstoffwechsel lokal und, insbesondere in den der Darmbakterien so eingreifen kann, daß an Stelle übelriechender Abbauprodukte geruchlose entstehen oder als Vorstufen zur Resorption kommen und dann ausgeschieden werden.

In der Chirurgie und Dermatologie hat es also Zweck, übelriechende Wunden mit Chlorophyllösung zu berieseln oder entsprechende Salben aufzutragen. Es ist aber sinnlos, Chlorophyllschuhsohlen, -Bier, -Zigaretten, -Wäsche herzustellen. Es ist wertlos, mit Chlorophyllzusatz zu waschen und eine Lösung in einem Docht aufgesaugt ins Zimmer zu hängen und dann zu behaupten, das Chlorophyll sei so in der Lage, üble Gerüche zu entfernen. Das erscheint heute schon plausibel, vor 3 Jahren aber mußte für die Scheidung des Positiven von den Phantastereien um die Chlorophyllwirkung intensiv gekämpft werden (CZETSCH-LINDENWALD[1]). Es entstanden damals ganze Industrien, riesige Fabriken mit Tages-Tonnenkapazitäten, deren Existenz auf falschen Voraussetzungen beruhte. Fehlinvestitionen, in denen Produkte hergestellt wurden, die kritiklos angeboten, nur Schaden stiften konnten.

KLAWKY[2] sah bei Acne vulgaris und Seborroea oleosa gute Erfolge durch lokale Chlorophyllanwendung in Verbindung mit UV-Bestrahlung. Chlorophyll und Chlorophyllin seien durch ihre Fluorescenz in der Lage, hier eine Mittlerrolle zu spielen. Wenn die Erklärung auch nicht plausibel ist, so ist sie doch originell.

Eine neue Chlorophyllsalbe (Ellendorf, Wuppertal) enthält neben Chlorophyllin noch die Vitamine A, D, F, E.

CZETSCH-LINDENWALD u. W. RITTER[3] verglichen an 72 exakt ausgewerteten Fällen von Ulcera cruris Chlorophyllsulfonamidsalben und die LÖHRsche Lebertransalbe. In zwei Drittel der Fälle war die wundheilende Wirkung des Chlorophyll so groß, daß trotz der hemmenden Wirkung der Sulfonamide eine schnellere Wundheilung als durch Lebertransalben erzielt wurde.

Unseren Beobachtungen zufolge ist das Chlorophyll mehr ein Epithelisierungsmittel als ein granulierendes Präparat. LAM, BROCK u. BRUTH[4] sind mit dem Epitheleffekt nicht zufrieden und berichten von Versagern.

ZIRM u. HANUS[5] haben ein wasserlösliches Chlorophyllpräparat hergestellt, dem nicht nur die epithelisierende, sondern auch eine bakteriostatische Wirkung zukommen soll. DISSMANN u. IGLAUER[6] haben dieselbe

---

[1] CZETSCH-LINDENWALD: Therapiewoche 4, 19/20 (1954).
[2] KLAWKY: Kosmet. Mschr. 10, 11 (1952).
[3] CZETSCH-LINDENWALD u. W. RITTER: Wien. med. Wschr. 1952, 15.
[4] LAM, BROCK and BRUTH: Amer. J. Surg., Augustheft 1950.
[5] ZIRM u. HANUS: Klin. Med. 1950, 11, 511.
[6] DISSMANN u. IGLAUER: Wien. klin. Wschr. 1950, 45, 847.

Beobachtung an Tuberkeln gemacht und festgestellt, daß es hier, ohne sonst ein Antibioticum zu sein, an die Wirksamkeit des Streptomycin herangereicht hat. Die Hyaluronidase hemmende Wirkung des Chlorophylls dürfte hier als positiver Faktor zu werten sein.

Jodsalben

Jod, als Element lipoidlöslich und flüchtig, hatte alle Eigenschaften, die eine direkte Resorption durch die Haut wahrscheinlich machten, sofern nicht das Hauteiweiß mit ihm eine Verbindung eingehen würde, die der Resorption entgegensteht. Versuche waren daher angezeigt. Wir fanden, daß bei der Applikation von elementarem Jod in Salben die lokale Wirkung im Vordergrund steht, daß aber auch Intoxikationen, und zwar aus allen Grundlagen, wie bei der Jodtinktur, wenn auch selten, auftreten konnten.

Über die Resorption von Jodkalium haben wir bereits berichtet. Das Jodkali wirkt in Salben erst nach erfolgter Zersetzung als resorbierbare Jod-Fettsäureverbindung.

CYR, SKAUEN, CHRISTIAN u. LEE[1] haben mit radioaktivem Jodnatrium im Tierversuch (Albinoratte) nachgewiesen, daß 0,05% des in Salben applizierten Jods in der Schilddrüse wieder aufzufinden war. Unter den 37 dem Handel entnommenen Salbengrundlagen hat nur Ungt.molle diese hohen Werte erreicht. Unterschiede im Emulsionstyp hatten keine Veränderung der Resorption zur Folge. Daß man aus dem Tierversuch auf die Verhältnisse am Menschen schließen kann, bezweifeln selbst die Verfasser.

Salben mit vorwiegend lokaler Wirkung

Zur Beurteilung der Salben mit vorwiegend lokaler, meist antibakterieller Wirkung sind in den letzten Jahren Diffusionsversuche durchgeführt worden, welche den besten Einsatz hinsichtlich des Prozentgehaltes der Wirkstoffe wie auch der verschiedenen Salbengrundlagen zum Thema hatten. BURNSIDE u. KUEVER[2] wiesen bereits 1940 darauf hin, daß *wasserlösliche Salbengrundlagen für antiseptische Substanzen* eine größere Diffusionsmöglichkeit und so eine bessere antibakterielle Wirkung aufweisen. PRUSACK u. MATTOCKS[3] prüften die Wirksamkeit von Cetyltrimethylammoniumbromid gegen Staphylococcus aureus in verschiedenen Salbengrundlagen und konnten die beste Diffusion aus einer Pektinpaste, sowie einer Polyäthylenoxydsalbe mit 10% Wasser feststellen. Ähnlich äußern sich BÜCHI u. SCHLUMPF[4], die bei vaselinhaltigen Öl/Wa-Salben mit steigendem Wassergehalt eine Zunahme der antiseptischen Wirkung feststellten.

---

[1] CYR, SKAUEN, CHRISTIAN and LEE: J. Amer. pharmaceut. Assoc., Sci. Ed. 38, 615 (1949).

[2] BURNSIDE, C. B., and R. A. KUEVER: J. Amer. pharmaceut. Assoc. 29, 373 (1940).

[3] PRUSACK, L., and A. M. MATTOCKS: J. Amer. pharmaceut. Assoc. 38, 67 (1949).

[4] BÜCHI, J., u. R. SCHLUMPF: Pharm. Acta Helvet. 19, 180 (1944).

R. FRANK u. G. STARK[1] untersuchten die *Diffusion von Farbstoffen* und *quartären Ammoniumbasen* im Plattentest, wobei sie Acriflavin und Cetavlon (Cetyltrimethylammoniumbromid) prüften. Dabei ergab sich, daß das Cetavlon aus Wa/Öl-Emulsionen ebenso wie das Acriflavin nicht herausdiffundierte. Für diese beiden wasserlöslichen Antiseptica war reine Vaseline als Grundlage, gut, allerdings erst bei ziemlich hoher Konzentration der Wirkstoffe, die Wirksamkeit trat meist erst nach 48 Std in erhöhtem Maße auf. Mit Ungt. Cetavloni wurde durchgängig gute antibakterielle Wirkung erzielt, die sich aber durch Erhöhung des Wassergehaltes dieser Grundlage nicht steigern ließ. Entgegengesetzte elektrische Ladung von Antisepticum und Salbengrundlage kann Inkompatibilität verursachen, die von Fall zu Fall festgestellt werden muß.

BANDELIN u. KEMP[2] untersuchten verschiedene *Sulfonamide*, LEE, MACDONALD u. HYMELICK[3] Kalomel sowie weißes und gelbes *Präcipitat* in wasserlöslichen bzw. wassermischbaren Salben. Bei Versuchen mit *Dermatol*, *Vioform* und *Xeroform* konnte keine Polyäthylenoxydsalbe verwendet werden, da sie sich verflüssigten.

FRANK u. STARK[4] verglichen Sulfanilamid, weißes Präcipitat und Noviform in verschiedenen Salbengrundlagen, wobei sie für die ersten beiden Substanzen in wassermischbaren Salbengrundlagen eine bessere antibakterielle Wirkung nachwiesen als in wasserunlöslichen. *Vioform* zeigt in beiden Typen von Salbengrundlagen die gleiche Wirkung. Dermatol und *Xeroform* wirken bei lokaler Applikation auf die Haut nur durch Adsorption und sollte deshalb nur in Pulverform Verwendung finden.

CZETSCH-LINDENWALD[5] und MOESE[6] stellten fest, daß die Usninsäure aus Vaselin und Fettsalben unwirksam, aus Ungt. Glycerini und Polyäthylenglykol gut, aus Lanettewachssalben im Plattentest schwach antibiotisch wirksam ist. KÖNIGSBAUER[7] konnte diese Indikation in Versuchen am Kranken voll bestätigen.

Die Ursachen für das verschiedene Verhalten der diversen Salben und Pudergrundlagen, ihre jeweilige „Abgabefreudigkeit" sind sehr komplexer Art.

Einerseits kann als Leitsatz gelten, daß das bessere Lösungsmittel dem schlechteren vorzuziehen sei. Vaselin z. B. umhüllt die Antibiotica, löst sie aber nicht, so daß nur eine geringe Diffusion eintritt. Andererseits kann ein allzu gutes Lösungsmittel, das das Antibioticum an ein wäßriges Milieu nicht abgibt, gleichfalls verzögernd wirken. Dazu kommen noch chemische und physikalische Imponderabilien, Wasser z. B. kann als

---

[1] FRANK, R., u. G. STARK: Pharm. Acta Helvet. 3, (1954).
[2] BANDELIN, F. J., and C. R. KEMP: J. Amer. pharmaceut. Assoc., Sci. Ed. 35, 65 (1946).
[3] LEE, MAC DONALD and HYMELICK: J. Amer. pharmaceut. Assoc., Sci. Ed. 37, 368 (1948).
[4] FRANK, R., u. G. STARK: Pharm. Acta Helvet. 9, (1954).
[5] CZETSCH-LINDENWALD: Arzneimittel-Forsch. 5, 9 (1955).
[6] MOESE, J.: Arzneimittel-Forsch. 5, 9 (1955).
[7] KÖNIGSBAUER, H.: Hautarzt 6, 11 (1955).

Helfer und Verzögerer dienen, so daß die Zugrundelegung von Diffusionstabellen an Hand des Plattentestes entsprechender Art bisher der einzige Wegweiser ist (siehe auch „Modellversuche").

Tanninsalben

Tannin ist fettunlöslich, so daß sein Anwendungsgebiet beschränkt ist. Man kann es aber unter Zusatz bestimmter Katalysatoren an Wollwachsalkohole addieren (Vasenol-Tannat), so daß es fettlöslich und trotzdem wirksam bleibt. *Jecotannat* (Vasenol, Leipzig), *Letasan*, Lebertran-Tanninsalbe (Vasenol, Oberndorf/N.) die FIEDLER[1] bespricht.

Von den Salben mit synthetischen Gerbstoffen sind folgende Präparate zu nennen: *Tactocut*, ein hochmolekularer synthetischer Gerbstoff, erwies sich in klinischen Versuchen 1%ig als Spezialität und in Salbengrundlagen, wie Ungt. Lanetti usw. als gut verträglich.

Estosan-Konzentrat (Chemische Fabrik, Stockhausen) stellt ebenfalls einen hochmolekularen, synthetischen Gerbstoff in wäßriger Lösung dar, der für die Behandlung der entzündlichen Mundschleimhaut, Paradentose und Pharyngitis empfohlen wird.

Tactobrand-Gelee (Chemische Fabrik, Stockhausen) enthält wie die Tactocut-Salbe hochmolekulare synthetische Gerbstoffe in reizloser Gelee- bzw. Salbengrundlage.

Stoko-Creme (Chemische Fabrik, Stockhausen) ist eine Stearatcreme und Öl/Wa-Emulsion mit Harnstoffzusatz, zur Pflege empfindlicher Haut.

Die *Alkylgallate* haben eine bakteriostatische und fungistatische Wirkung, die mit der Verlängerung der Alkylkette ständig zunimmt. So wirkt das Oktyl-, Nonyl-, Decyl- und Dodecylgallat 170—330mal stärker als Propylgallat. Die Gallate haben also über ihren normalen Schutz hinaus auch therapeutisches Interesse (SABALITSCHKA[2], JOHNSTONE u. Mitarb.[3], LITTLE u. Mitarb.[4]).

Die beiden synthetischen Gerbstoffe *Lusyntan G K* und *Lusyntan G P* der BASF sind Polykondensationsprodukte des Kresols bzw. Phenols, sie wurden bei Epidermophytien der Hände und Füße, Dermatitiden, Ekzemen und Verbrennungen versucht. Man gebraucht sie in 1 $^0/^{00}$ Lösungen oder als Vollbäder 1:10000 (ZIERZ u. REIDENBACH[5]).

Chrysarobinsalben

Antralin, ein amerikanisches Präparat ist 1,8-Dihydrooxyantronal, ein Derivat der Chrysophansäure und wird in Salben mit 0,1% beginnend und bis 1,0% steigend bei Psoriasis von LEDER[6] empfohlen.

[1] FIEDLER: Wiss. Ber. d. Vasenolwerke 1950, 1.
[2] SABALITSCHKA: Chemiker-Ztg. 4, 108 (1953).
[3] JOHNSTONE u. Mitarb.: Antibiotics a. Chemother. 3, 2, 203 (1953).
[4] LITTLE u. Mitarb.: Antibiotics a. Chemother. 3, 2, 183 (1953).
[5] ZIERZ u. REIDENBACH: Hautarzt 9, 429 (1953).
[6] LEDER: Med. Msch. 12, 561 (1948).

Resorcinsalben

Resorcin ist ein Antagonist des Tyroxins. BULL u. FRASER[1] beobachteten, daß bei Applikation einer Resorcinsalbe auf ein Ulcus cruris myxödematöse Symptome auftraten.

Ichthyolsalben

Ichthogel der Ichthyol Gesellschaft, Hamburg ist eine Schieferölgallerte. HIMPE[2] empfiehlt sie bei einschlägigen Dermatosen. KLEINE-NATROP[3, 4] betont die gute Kühlwirkung.

Metallsalz-Salben

Aluminiumsalben

Lenicetsalbe und *Perulenicet* (Dr. R. Reiss) enthalten Ungt. molle und Euvaselin mit frisch gefälltem Aluminiumsubacetat in kolloidaler Form und werden als antiphlogistische Salben empfohlen.

Aluminiummethionat ist hygroskopisch, absolut ungiftig und als Adstringens sehr brauchbar. CHRISTIAN u. JUCKIA[5] empfehlen es in Cremen, die durch das Salz am Austrocknen behindert werden soll.

Bleisalben

Daß Brustwarzenrhagaden, die mit Ungt. Diachylon behandelt werden, eine Gefärdung des Säuglings, auch bei intensivem Waschen vor dem Stillen, darstellen, ist eigentlich selbstverständlich. Trotzdem kam ein sehr schwerer Fall, den HESSELVIK u. NORDBRINK[6] beschreiben, in eine Klinik und war, trotz sechswöchiger Behandlung mit BAL auch nach dieser Zeit noch infaust.

Bariumsulfat

Um die Abdeckung gesunder Haut während der Röntgenbestrahlungen von Kindern und unruhigen Patienten zu gewährleisten, hat CARRIE[7] ein Pflaster der Firma Vorwerk, Barmen, empfohlen, das strahlenundurchlässige Substanzen, Wismut-, Blei- und Bariumverbindungen enthält.

Calciumsalbe

KOGOI u. PURETIC[8] gaben eine ganze Reihe von Rezepten an, in denen sie wasserlösliche Calciumsalze in Salben, Schüttelmixturen und Pudern, sowie Umschlägen verarbeiteten. Sie empfehlen diese Präparate zur Dämpfung der Exsudation und zur Stillung des Juckreizes im Gefolge vieler Dermatosen.

---

[1] BULL and FRASER: Lancet **258**, 851 (1950).
[2] HIMPE: Med. Welt **1951**, 1045.
[3] KLEINE-NATROP: Hautarzt 1, 224 (1950).
[4] KLEINE-NATROP u. MILBRADT: Ärztl. Forsch. 7, (1950).
[5] CHRISTIAN and JUCKIA: J. Amer. pharmaceut. Assoc., Sci. Ed. **39**, 663 (1950).
[6] HESSELVIK u. NORDBRINK: Farm revy. **35** (1952).
[7] CARRIE: Z. Hautkrkh. **15**, 6, 194 (1953).
[8] KOGOI u. PURETIC: Wien. med. Wschr. **1954**, 13.

Kalzol-Frostsalbe (Chemische Fabrik, Flörsheim) stellt eine Wa/Öl-Emulsion dar. Die Ölkomponente ist ein in sich selbst verestertes Ricinus-öl, ferner sind noch ätherische Öle und ein wasserlösliches Kalksalz enthalten.

Kupfersalben

Organische Kupferverbindungen, wie sie in *Cuprex* vorliegen, sind auch heute noch dem DDT und ähnlichen Mitteln in ihrer Wirksamkeit an die Seite zu stellen (KWOCZEK[1]). Basisches Kupferkarbonat hat KLEINE-NATROP[2] empfohlen.

Dermaphen forte (Dr. Reiss, Chemische Werke), ein neues Antimykotikum, enthält Glycerin-Salicylester, Kupfer-natrium-citrium, Hexylresorcin und Dibromsalicylat. Der antimykotische Effekt des Präparates ist gegen pathogene Fadenpilze sehr wirkungsvoll (KADEN[3]). Es wird daher bei Epidermophytie (Interdigitalmykosen der Hände und Füße), oberflächlicher und tiefer Trichophytie, Onychomykosen, Erythrasma, Pityriasis versicolor und superinfizierten Hautmykosen angewandt.

Dermaphen mite stellt eine Verbindung von Dermaphen forte mit Fettalkoholsulfonaten dar und wird für Bäder und Pinselungen, besonders zur Behandlung der akuten Stadien und an behaarten Körperstellen verwendet. Dazu kam in letzter Zeit noch Dermaphenpuder.

Die Präparate sind angenehm anzuwenden, da die Lösung bzw. der Puder unauffällig riechen und die behandelten Hautpartien lediglich geringgradig gelblich getönt werden.

Cupriammoniumhydroxyd in Carbowax wirkt nach BARLOW[4] gut bei Mikrosporien. MEMMESHEIMER[5] rät *Kupferglycolat* bei Onychomykosen zu versuchen.

Magnesium

In der *Desquaminsalbe* der Desitinwerke liegt eine 30%ige Verarbeitung von Magnesium sulfuricum siccum DAB VI in Lygal-Salbengrundlage vor. Die Salbe wurde von BRAUN[6] als Keratolytikum bei Ichthyosis und ähnlichen Indikationen verwendet.

Quecksilber-Salben

Weiße Präzipitatsalbe hat bisher in 2 Fällen zu tödlichen Vergiftungen geführt. SCHMEISER[7] beschreibt einen dritten:

Ein an Windpocken erkranktes vierjähriges Kind wurde innerhalb von 8 Tagen mit ingesamt 40 g lege artis bereiteter Salbe behandelt und starb an Hg-Vergiftung. Bei ausgedehnten Wundflächen ist also Resorption zu befürchten.

---

[1] KWOCZEK: Z. Hautkrkh. **3**, 7, 300 (1947).
[2] KLEINE-NATROP: Ther. Gegenw. 1949, 12.
[3] KADEN: Therapiewoche **1953**, 23, 24. — Z. Hautkrkh. **2**, 15 (1953).
[4] BARLOW: Brit. J. Dermat. **62**, 251 (1950).
[5] MEMMESHEIMER: Zbl. Hautkrkh. **73**, 3, 4, 164 (1948).
[6] BRAUN: Hautarzt: **2**, 270 (1951).
[7] SCHMEISER: Dtsch. Gesundheitswesen **6**, 182 (1952).

BASS u. ROBINSON[1] haben die 5%ige *Quecksilberoxydsalbe* mit und ohne Zusatz von 4% Resorcin im Hinblick auf die Resorption untersucht. Die resorcinhaltige Salbe hatte eine fast doppelt so große bakteriostatische Wirksamkeit, in den Nieren konnte aber nur der sechste Teil Quecksilber gegenüber der resorcinfreien Salbe nachgewiesen werden. Das Resorcin hemmt also entweder die Resorption durch die Haut oder vermindert in diesem Falle die Speicherungsfähigkeit der Nieren.

Nach BRAIN u. Mitarb.[2], sowie JAKOBI[3] ist das *Quecksilber-Nitrat* in 0,5%iger Salbe zur Behandlung der Mikrosporie der Kopfhaut sehr geeignet. In Ermangelung des Rohstoffes verwendet der letztere Autor das Saatbeizmittel *Ceresan*.

Bei der Besprechung von Jod-Quecksilberhaltigen Gemischen ist das *Diadin* (Diadin-Gesellschaft) zu erwähnen, über welches HEGEWALT[4] berichtete. Es handelt sich um ein bereits 1922 von E. OPPENHEIMER eingeführtes Präparat zur Behandlung umschriebener Herde, chronisch entzündlicher Dermatosen, parasitäter und unbekannter Ätiologie. Im Vordergrund steht die keratoplastische und antiparasitäre Wirkung der Quecksilber-Verbindung, die durch kleine Mengen freien Jods ergänzt wird. Das Präparat hat sich bei 20 Patienten mit discoiden Erythematodes-Herden gut bewährt, wobei die Wirkung mit der einer milden Kohlensäureschneebehandlung vergleichbar ist. Als weitere Indikation werden umschriebene Herde von Neurodermitis, Lichen ruber verrucosum und hartnäckigen Psoriasis Plaques, sowie torpide Ulcera cruris und auch Alopecia areata genannt.

Merfen-Präparate (Zyma Blaes) enthalten Phenyl-Quecksilberperborat und sind als Augensalben, Nasentropfen, Lösung und Konzentrat erhältlich.

Silber

Yxin ist ein silberhaltiges Wundantisepticum der Asta-Werke, das in 2%igen Salben zur Anwendung kommt.

Strontium

Neben dem Calciumsulfid ist das Strontiumsulfid, so im Falle des von ZENNER[5] empfohlenen PeKaPe Antikomine, mit Magnesiumcarbonat und einem Desinfiziens häufiger Bestandteil von Depilatorien.

Es wird an dieser Stelle sonst darauf verzichtet, außer den Thioglykolaten, die von der Kosmetik propagierten Enthaarungsmittel anzuführen, da sie keine neuen Wirkstoffe enthalten.

Zinksalben

Die Zinksalben der Arzneibücher, die Zinköle kühlen nicht. Soll Kühlwirkung mit im Vordergrund stehen, so muß eine spezielle

[1] BASS and ROBINSON: J. Amer. pharmaceut. Assoc., Sci. Ed. **38**, 659 (1949).
[2] BRAIN u. Mitarb.: Brit Med. J. 1948, 723.
[3] JAKOBI: Dtsch. Gesundheitswesen **1**, 31 (1949).
[4] HEGEWALD: Zbl. Hautkrkh. **18**, 7 (1955).
[5] ZENNER: Dermat. Wschr. 1951, 265.

Kühlsalbe kombiniert werden. KLEINE-NATROP[1] beschreibt ein derartiges Präparat, dessen Emulgator Erucasäure-Ammonseife ist. Ursprünglich entsteht eine Öl/Wa-Emulsion, die durch überschüssige freie Erucasäure, die anscheinend das Zinkoxyd in kleinen Mengen angreift, in den Wa/Öl-Typ umschlägt. Durch die geringe Stabilität der Emulsion ist eine Kühlwirkung von 0,5—1,3° C möglich.

2% Zinkundecylenat und 5% freie Undecylensäure bewähren sich nach amerikanischen Arbeiten bei Mykosen (MUSKATBLIT[2] und SULZBERGER[3]).

Zirkonium

Eine amerikanische Firma propagiert nach KADEN[4] zur Schweiß- und Geruchsbekämpfung ein Gel aus basischem Zirkoniumcarbonat, das in einer Creme dispergiert ist.

Radioaktive Metalle

Thorium X Buchler der Chininfabrik Braunschweig wird infolge der kurzen Halbwertszeit je nach der Länge des Postweges vom Hersteller für den Tag der Therapie mehr oder minder stark eingestellt. Es wird in 3 Formen geliefert, als Alkohol, Lack und Salbe.

In ähnlicher Weise wird eine Radiumemanationssalbe: Radonsalbe-*Radiogen* von der allgemeinen Radium A.G., Berlin W 62, Bayreuther Straße 37, versandt.

Über dieses Gebiet ist neuere Literatur erschienen. Zu nennen sind die Arbeiten von FENG[5] und HÖHLE[6].

Außerhalb der Therapie, zur Diagnostik, verwendet man jetzt in steigendem Maße verschiedene Isotope, um das Schicksal der äußerlich aufgetragenen Medikamente im Körper nachweisen zu können. Wir haben 1944 als erste mit schwerem Wasserstoff markierte Fette im Tierversuch appliziert, um die percutane Fettresorption verfolgen zu können. Nun werden auch Jod und sonstige Isotope verwendet, um den Weg und die Möglichkeiten der Aufnahme zu studieren.

Schwefel-Salben

Geroscabin (Gerlach, Lübecke/Westfalen) ist eine Schwefelsalbe, deren Wirkung nach KLEINE-NATROP[7] durch chlorierte Aromaten verstärkt wurde.

Dermasulf enthält Polythionsäuren und wird von FINNERUD[8] bei Acne vulgaris empfohlen.

---

[1] KLEINE-NATROP: Zbl. Hautkrkh. **73**, 3/4, 166.
[2] MUSKATBLIT: Zbl. Hautkrkh. **72**, 180 (1948).
[3] SULZBERGER and KANOI: J. Amer. Med. Assoc. **134**, 8, 737 (1947).
[4] KADEN: Zbl. Hautkrkh. **11**, 297 (1951).
[5] FENG: Lancet **1947**, 506.
[6] HÖHLE: Med. Klin. **1950**, 10.
[7] KLEINE-NATROP: Ärztl. Wschr. **1946**, 9/10.
[8] FINNERUD: Arch. of Dermat. **63**, 373 (1951).

Thianthrol (VEB Fahlberg, List) verwendete SEROWY[1] bei Scabies, Mykosen und Ekzemen. Die Salbe besteht aus einem 20%igen Gemisch von Dimethylthianthren und dessen Chlorverbindungen auf Lanettewachsbasis. Durch Nipagin wird das Präparat gegen Schimmel geschützt.

Sulfopront A und W bestehen aus molekular gelöstem Schwefel. AUBELE[2] empfiehlt diese Präparate von MACK/ILLERTISSEN bei juveniler Acne.

Dithiodibenzoyl wird nach BORY[3] in 10%igen Verarbeitungen bei Warzen, in 5%igen Salben bei Mykosen angewendet.

Kresulfin ist Dithiokresol im Amid der Methylbenzolsulfosäure gelöst (Eggochemia, Wien), es wird 3%ig als Salbe, ölige oder alkoholische Lösung bei Lupus von RIEHL[4] und HAKELE[5] empfohlen.

Sulfoform (Triphenylstibinsulfid) ist fett- und alkohollöslich, farb- und geruchlos, von starker Tiefenwirkung. Das charakteristische Merkmal des lipotropen Sulfoform ist sein chemisch gebundenes, ionisiertes Schwefelatom, das unter Einfluß des Körpergewebes rasch abgespalten wird. Das Präparat kommt 2%ig in Form von Spiritus und Puder, 10%ig als Öl in den Handel und wird von den Organotherapeutischen Werken Ges. m. b. H./Osnabrück erzeugt.

Sulfanthren Kühlsalbe (Alpine Kufstein) enthält 3% Sulfanthren, Borsäure, Vaselin und Lanolin.

Selen-Salben

Selensulfid-Suspensionen 2,5 g auf 100 g geeignete Salbenbasis soll nach SLEYGAN[6] und SLINGER[7] bei der Seborrhoea capitis imstande sein, das Symptom zu beherrschen, also zum Stillstand zu bringen.

Harnstoff-Salben

SCHÖNFELD[8] empfiehlt eine 5%ige Salbe gegen Formaldehydschäden, die in der Kunststoffindustrie auftreten.

Aminosäuren

Gemische von Aminosäuren hat HLISNIKOWSKI[9] bei Acne Rosacea, ekzematisierten Dyshydrosen und Neurodermitis verwendet. Die Gemische werden aus den Eiweißlösungen, die in Molkereien anfallen, gewonnen und enthalten neben Polypeptiden vorwiegend Glutaminsäure, Arginin, Histidin und Lysin. Sie werden in Salben und Pudern angewandt. Die Salbe scheint antiallergisch wirksam zu sein.

---

[1] SEROWY: Zbl. Hautkrkh. **10**, 370 (1951).
[2] AUBELE: Zbl. Hautkrkh. **11**, 223 (1951).
[3] BORY: Soc. franç. Dermat. et Syphiligr. **1951**, 265.
[4] RIEHL: Zbl. Hautkrkh. **76**, 399 (1951).
[5] HAKELE: Wien. med. Wschr. **1951**, 513.
[6] SLEYGAN: Arch. of Dermat. **65**, 228 (1952).
[7] SLINGER: Arch. of Dermat. **64**, 21 (1951).
[8] SCHÖNFELD: Dtsch. med. Wschr. **1951**, 317.
[9] HLISNIKOWSKI: Zbl. Hautkrkh. **4**, 300 (1949).

Tego 103 S (Goldschmidt A.G.) enthält höhermolekulare Aminosäuren zur Händedesinfektion, es ist in chirurgischen Kliniken viel im
Gebrauch, besonders zu Schnelldesinfektion.

Salben mit abgetöteten Bakterien, Autolysaten und Antiviren

Necrosept (Henning, Berlin/West) ist ein aus Lactobacterium aci-
dophilum gewonnenes Heilmittel. Es enthält Milchsäure, Lactate,
Stoffwechselprodukte und dient als Lösung und Salbe zur Wundbehandlung bei Verbrennungen. Unter den hierüber erschienenen Arbeiten ist
die von OTTO[1] zu erwähnen. Sie bringt Hinweise auf frühere Publikationen. Klinisch hat es sich uns sehr gut bei torpiden und stark sezernieren-
den Ulcera cruris bewährt.

Antipiol (Antipiol Ges. m. b. H.) ist ein Autolysat aus Strepto- und
Staphylokokken, Bacterium Coli und Pyocyaneus (Antivirus nach
BESREDKA). Es bezweckte eine Hautimmunität gegen die angeführten
Erreger, ohne Allergien zu verursachen. Die Salbengrundlage enthält
einen Vitaminzusatz. Die Antipiol-Augensalbe ist mit Acid. benzoic.
hergestellt. Die Salbe wird mit erhöhtem Zusatz des Bakterienfiltrates
als „forte" geliefert. Antipiol FH-Emulsion und -Puder stellen Kombinationspräparate von Antipiol und Follikelhormon mit Zusatz von
Glycerin, Kamille, Glucose und Milchsäure dar.

Pyomycinsalbe (Penicillingesellschaft Dauelsberg-Göttingen) ist ein
polyvalentes Bakterienautolysat mit Dibromsalicyl- und Campherzusatz
zur Behandlung von Pyodermien der Haut.

Sulfonamid-Salben

Im allgemeinen kann man der Ansicht sein, daß Sulfonamide in
Pudern wirksamer seien als in Salben. Trotzdem sind aber die Salben
nicht unwichtig geworden. FUNCK[2] hebt sogar hervor, daß die äußerliche
Sulfonamidanwendung ganz allgemein sogar bevorzugt werde, da immer
mehr antibioticaresistente Bakterienstämme auftreten.

Zur Testung der geeignetsten Salbengrundlage muß man Agar-
Plattenversuche heranziehen. Das Sulfonamid diffundiert aus der Salbe,
und der sterile Hof läßt, je nach Größe, auf eine mehr minder deutliche
Wirkung schließen, doch kann hier z. B. bei Polyäthylenglycolsalben der
osmotische Strom vom Agar zur Salbe die Wirkung verschleiern, so daß
nur die Überschichtungsmethode ein klares Bild gibt.

Am Patienten behandelt man den Infekt mit der optimal erkannten
Salbe und kann mit Klatschtesten die Wirkung auch in vivo verfolgen.
Aluminiumschälchen von 1 cm Höhe und 5 cm Durchmesser werden mit
Agarnährboden ausgegossen und steril auf die Haut aufgeklatscht. Nach
Abnahme und erfolgter Bebrütung kann man aus dem Aufschießen der
Kulturen auf die Wirkung schließen (Supronal-diffusion).

---

[1] OTTO: Dtsch. med. Wschr. **1952**, 1511.
[2] FUNCK: Ärztl. Praxis **4**, 1 (1952).

LEVY u. HUGK[1] kommen zur Ansicht, das feine Pulver von Sulfadiazin mit reinen Fetten und Wa/Öl-Emulsionen nicht verarbeitet werden sollen, obwohl auch aus einer Mischung von 5% Wollfett, 5% Wachs und 90% Vaselin bei Zugabe von Netzmitteln Diffusion erfolgt.

Aus hydrophiler Grundlage ist die Diffusion mikrokristalliner Körnchen gut, die Wirksamkeit nimmt aber mit der Lagerung ab.

Nach LEINBROCK[2] ist V 741, ein dem Conteben nahestehendes Präparat, zur Zeit das beste Antipruriginosum. Es scheint hier, wie bei allen Sulfonamiden und insbesondere den Antibioticis so zu sein, daß die Wirkung von der Salbenbasis abhängt, denn BERG[3] konnte mit demselben Wirkstoff (5%) nur recht mäßige Erfolge erzielen. Die anschließenden Versuche zeigen diese Abhängigkeit.

Die Abb. 2 gibt einen Überblick über die *Diffusion von Supronal* in Substanz wie auch in Lösung aus verschiedenen Salbengrundlagen.

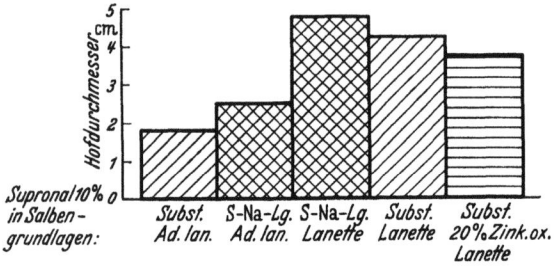

Abb. 2. Diffusion von Supronal in Substanz und Lösung in verschiedenen Salbengrundlagen

Der Hofdurchmesser auf den Agarplatten wurde an einem empfindlichen Staphylokokkenstamm gemessen und auf der Ordinate eingetragen. Es zeigt sich dabei, daß die Diffusion sowohl der Substanz wie der Lösung aus Adeps lanae am geringsten, aus Ungt. Lanetti am größten war und die Substanz einen etwas geringeren Hof verursachte als die Lösung. Im Hinblick auf die klinisch häufig verwendete Zinkpastengrundlage wurde eine 20%ige Zinkoxyd-Lanette-Paste untersucht, die fast ebenso gute Diffusion wie reine Lanettesalbe ergab. Der Plattentest zeigt auch hier eine gute Übereinstimmung mit den klinischen Erfahrungen. Im wäßrigen Milieu kommt der Wirkstoff an die Bakterien heran, in der Wa/Ol-Emulsion ist er durch die Fettmembran getrennt und unwirksam.

Sulfonamidsalben verursachen nach KOOJI u. LUPS[4] in etwa 5% der Fälle Dermatitiden. Die Autoren warnen daher vor der äußeren Anwendung. BURCKHARDT[5] beobachtete in mehreren Fällen nach Sulfonamidapplikation photoallergische Ekzeme, die bei Läppchenproben nicht in Erscheinung traten. Erst wenn diese dem Licht ausgesetzt wurden, erfolgte nach 1—2 Tagen die Reaktion. GOTTSCHALK u. WEISS[6] haben auf Grund ihrer Erfahrungen den Versuch unternommen, die von der Praxis angegebenen 3—5% Überempfindlichkeit zu erklären und abzulehnen. Sie belegen ihre Arbeit mit zahlreichen Läppchenproben und

[1] LEVY and HUGK: J. Amer. pharmaceut. Assoc., Sci. Ed. 38, 611 (1949).
[2] LEINBROCK: Hautarzt 2, 222 (1951).
[3] BERG: Zbl. Hautkrkh. 10, 456 (1951).
[4] KOOJI u. LUPS: Nederl. Tijdschr. Geneesk. 1947, 2109.
[5] BURCKHARDT: Dermatologica (Basel) 96, 280 (1948).
[6] GOTTSCHALK u. WEISS: Arch. of Dermat. 56, 775 (1947).

empfehlen bei großen Flächen und bei einer Behandlungsdauer von mehr als 5 Tagen Vorsicht.

Dem Kapitel über die Sulfonamidsalben in der letzten Auflage des Buches „Salben, Puder, Externa" fügen wir an dieser Stelle noch einige Präparate an, die auch in der Ära der Antibiotica-Salben noch größere praktische Bedeutung erlangt haben.

Sulfosellan (Dr. Gerhard Mann) in Salbenform mit 5% Sulfonamid in Lebertranemulsionssalbe.

Sulfosellan Gel 5% Na-p-aminobenzolsulfonacetylamid in gelartiger Trägersubstanz.

Sulfosellan-Schüttelmixtur Sulfonamid 5%, Zinkoxyd-Trockenpinselung.

Sulfosellan-Puder 7% Sulfonamid, Silberpuder.

Sulfosellan-nasale 5% Sulfonamid, Ephedrin, Menth., Thym. Harnstoff. Sulfosellan Vaginal-Paste: Östrogen 20000 I. E. p. Tb., Vitamin C, Kohlenhydrate.

Weite Verbreitung besitzt das *Aristamidgel*. Es wird 5%ig eingestellt und überzieht als Gel Verbrennungen, Wunden und Hautkrankheiten mit einer kolloiden Schutzschicht, beeinflußt die Perspiratio insensibilis aber nicht. JIRZIK u. WARNECKE[1], MANN[2], KRAWIETZ[3] und andere Autoren haben sich damit beschäftigt. Das Eintrocknen des wasserlöslichen Gels kann durch einen Warmluftstrom von 15—20 min zeitlich auf die Hälfte herabgesetzt werden (MARKUS u. SPRÄNGLER[4]). Ein ähnliches Präparat ist das Badionalgel von Bayer.

Pyodron (Artesan) enthält 5% Sulfonamid in einem organischen Gel.

Jacusulfon der Jacupharm ist ein Sulfonamidgemisch mit Vitaminen. LUCKE[5] berichtet über letzteres, UHLMANN[6] über Pyodron.

Sagitralin (Sagitta-Werke Ges. m. b. H.) ist eine Zink-Talcum- und Karionhaltige Trockenpaste.

Sagitralin forte enthält als Zusatz Aminobenzolsulfonamid.

Sagitralin-Sulfurat mit Zusatz von 2% Tumenol-Ammonium und Leukichthol.

KIMMIG[7, 8] weist darauf hin, daß die modernen Kombinationspräparate ein hochwirksames Sulfapyridin oder Sulfamethylpyrimidin mit gut löslichen acyclisch oder heterocyclisch substituierten Sulfanilamiden gemischt enthalten (Präparate: Protocid, Pluriseptal, Dosulfin, Andal). Brauchbar erscheinen heute noch Diazine (Albucid), Thiazole (Cibazol) und Thiodiazole (Globucid).

---

[1] JIRZICK u. WARNECKE: Mschr. Unfallheilk. **53**, 12, 353 (1950).
[2] MANN: Mat. Med. Nordmark **3**, 3, 49 (1951).
[3] KRAWIETZ: Mat. Med. Nordmark 4, 7, 174 (1952).
[4] MARKUS u. SPRÄNGLER: Wien. med. Wschr. **1954**, 845.
[5] LUCKE: Zbl. Hautkrkh. **11**, 75 (1951).
[6] UHLMANN: Zbl. Hautkrkh. **10**, 70 (1950).
[7] KIMMIG, J.: Kurs f. ärztl. Fortbildung, Edenkoben, 11. 12. 1955.
[8] KIMMIG, J.: Herbsttagung d. S.W.D. Ges., Frankfurt, Okt. 1955.

Antibiotica

Die Publikationen über Aureomycin haben die Zahl von 7500 weit überschritten, über Penicillin erschienen wesentlich mehr Arbeiten und weitere Antibiotica reichen an das erstgenannte in ihrer Bedeutung heran. Wenn sich auch nur ein Bruchteil mit pharmazeutischen und dermatologischen Themen beschäftigt, so ist es doch ganz unmöglich, alles zu referieren, man kann nur ordnend eingreifen und hervorheben, was zum Thema gehört. Zu studieren waren:

1. Der Einfluß der Salbengrundlage auf die Antibiotica.
2. Der Einfluß der Hilfsstoffe.
3. Die Haltbarkeit der Salben.
4. Ein therapeutischer Überblick.
5. Nebenwirkungen.
6. Ausblick.

Wir wollen die Punkte zunächst bei den Penicillin-Salben durcharbeiten.

Penicillin-Salben

Penicillin ist — in wasserhältigen Emulsionssalben — nur beschränkt haltbar. Dieses Verhalten beruht einerseits auf rein chemischen Vorgängen, andererseits auf der Wirkung der Penicillase. Die verschiedenen modernen Arzneibücher führen Vorschriften für wasserarme und wasserreiche Salben an und geben gleichzeitig Laufzeiten bekannt, die festlegen, wie lange solche Salben wirken. Die frisch zu bereitende Penicillin-Salbe wird nach dem britischen Arzneibuch unter Mitverwendung von Paraff. solid. und liquid. auf Basis des dem Lanette N entsprechenden Emulsifying Wax hergestellt. (Cremor Penicillini sterilisatus.) Dem Vorgehen schließen sich auch die DRF in ihrem Ungt. Speziale auf Basis von Lanette N (Stada) an. In klinischen Versuchen bewährte sich die einfachere Rezeptur:

Rp.: Penicillin-Na (oder -Ca) . . . . . 50 000   E
     Lanette N   7,0
     Cetioli   40,0
     Aqua dest. . . . . ad   100,0

Salicylsäure inaktiviert das Penicillin in kurzer Zeit. Borsäure, Sublimat, Resorcin, Ichthyol und Schwefel verändern es im Kühlschrank nicht, wohl aber bei höheren Temperaturen[1].

Alle Salbenbestandteile, die die Gruppe CH_2OH enthalten, also Glykol, Glycerin, Alkohol, zerstören nach Büchi[2] und Büchi u. Kutter[3], Freudweiler[4] Ran[5] und Gundersen[6, 7] das Penicillin. Cutler[8] und Ulex[9] ergänzen diese Beobachtungen im Hinblick auf Carbowaxsalben.

---

[1] Austral. J. Pharm. **121**, 239 (1949).
[2] Büchi: Schweiz. Apoth.-Zt. **90**, 10 (1952).
[3] Büchi u. Kutter: Pharm. Acta Helvet. **25**, 37 (1950).
[4] Freudweiler: Pharm. Acta Helvet., Festschrift f. Casparis, S. 77, 1949.
[5] Ran: Pharmacol. J. **161**, 125 (1948).
[6] Gundersen: Pharm. Acta Helvet. **23**, 133 (1948).
[7] Gundersen: Pharm. Acta Helvet. **24**, 77 (1949).
[8] Cutler: J. Amer. pharmaceut. Assoc., Sci. Ed. **37**, 370 (1948).
[9] Ulex: Dissertation Braunschweig 1954.

Die Haltbarkeit der Penicillinsalben ist mit zunehmender Erkenntnis und Herstellungstechnik immer besser geworden, doch sind die veröffentlichten Zahlenangaben sehr widersprechend und vergleichen ganz verschiedenes Material. Die Chemie Grünenthal Ges. m. b. H. rechnet heute mit einem Verlust von maximal 10—20% Penicillin pro Jahr, wenn die Salbe bei Raumtemperatur gelagert wird. Der Verlust wird durch eine entsprechende Überdosierung bei der Herstellung der Salbe angeglichen.

Maßgebend für die Stabilität der Salben ist die Qualität der Salbengrundlage, der Wasser- und Sauerstoffgehalt, sowie Beimengungen von Schwermetallen und Peroxyden. Günstig wirkt die Zufügung geeigneter Stabilisatoren wie Citrate und Phosphate, sowie die Ausschaltung bakterieller Verunreinigungen und die Auswahl eines besonders stabilen und reinen Penicillin-G-Salzes. BUCKWALTER u. HOLLERAN[1] rechnen mit einem maximalen Wirkungsverlust jährlich von 6,4% bei Lagerung von 22—28° C. Bei Temperaturen von 34—40° C geben die gleichen Autoren einen Verlust bis zu 39,7% nach 4 Monaten an. Als Salbenbasis diente ein Vaselin-wachsgemisch. Bei der heutigen Verwendung von chemisch reinem Penicillin hat die Haltbarkeit der fertigen Industriepräparate gegen früher erheblich zugenommen, und man kann wohl eine ausreichende Wirkung bis zu 3 Monaten annehmen, wenn Tuben und nicht offene Salbenkruken verwendet werden. In eigenen Versuchen über die Haltbarkeit von Penicillin-Öl-Emulsionen konnten wir nach Zusatz von Wismutsalzen eine meßbare Abnahme des Wirkungshofes auch nach 4 monatiger Aufbewahrung im Brutschrank kaum feststellen (es wurde Penicillin G verwendet).

Andererseits ist die Wirksamkeit des Penicillins (G. SIEBERT[2]) nach ½ Jahr nur noch in Siliconsalben nachweisbar. Aber gerade diese Salben sind sehr teuer.

Salbengrundlagen wie Vaseline, Schweineschmalz und Lanolin wiesen schon nach 2—3 Monaten einen erheblichen Penicillinverlust auf. Der in Vaselin. flav. im Vergleich zum Vaselin. alb. überraschend schnell einsetzende Penicillinabfall beruht wahrscheinlich auf der Anwesenheit von reaktionsfähigen Gruppen wie z. B. dem Carbonyl sowie ungesättigter Verbindungen, die zu einem raschen Abbau des Penicillins führen. Im Vaselin. alb. sind diese reaktionsfähigen Gruppen durch Reinigung und Bleichung eliminiert. Auch für Lanolin und Schweineschmalz dürfte die Anwesenheit ungesättigter Verbindungen und ihrer Spaltprodukte (z. B. Epihydrin-aldehyd) für den Penicillinabfall verantwortlich sein.

Nach ABRAHAM u. DUTHIE[3] soll die Aktivität des Penicillins durch Zunahme des Säurewertes der Salbengrundlagen erhöht werden, weil die ionisierte Form des Penicillins mit den Hydroxylionen an der Hautoberfläche um die Haftung an den Zellmembranen konkurriert. Daher ist auch besonders bei nässenden Affektionen eine Salbengrundlage zu

[1] BUCKWALTER and HOLLERAN: Antibiotics a. Chemother. 11, 1111 (1953).
[2] SIEBERT: Die Medizinische 51, 1631 (1952).
[3] ABRAHAM, E. P., and E. S. DUTHIE: Lancet 1946, 1, 455.

wählen, die eine gute Affinität zum Serum besitzt. Die Bildung von Penicillase kann durch Zusatz von Desinfizientien wie Phenol und Chlorkresol vermieden werden.

Mit der Frage der Haltbarkeit des Penicillins in Emulsionen beschäftigten sich auch ZENNER u. KNAPP[1]. Die Autoren fanden, wieder im völligen Gegensatz zu anderen Prüfern, daß die weniger hochgereinigten gelben Na- wie Ca-Salze, z. B. der Penicillinwerke Göttingen, wie auch der Schering-Werke einen langsameren Wirkungsabfall ergaben. Sie stellten ferner fest, daß Penicillinkonzentrationen von 250—300 OE pro Kubikzentimeter zu einer erfolgversprechenden Lokalbehandlung nicht ganz ausreichen, sondern im allgemeinen 1000 E erforderlich sind. Kurzfristige Erhitzung bei der Einarbeitung in Emulsionen verursachen keinen wesentlichen Penicillinabfall. Das Triäthanolamin als Salbenbestandteil zerstört das Penicillin sofort.

Über die Stabilität von Penicillinsalben findet sich in der Süddeutschen Apotheker-Zeitung Nr. 8 1949 noch folgender Beitrag, der wiederum mit ZENNERS Arbeit im Gegensatz steht:

1. Unreines Natrium-Penicillin (400 E/mg) ist sehr unstabil in einer wäßrigen oder in einer nichtwäßrigen, wassermischbaren Salbengrundlage. Es hat nur begrenzte Stabilität in einer wasserfreien Vaselingrundlage.

2. Calcium-Penicillin (500—650 E/mg) ist wesentlich stabiler als unreines Natrium-Penicillin in gleicher oder ähnlicher Grundlage.

3. Kristallisierte Natrium- oder Kaliumsalze von hoher Stärke (1580—1620 E/mg) sind ähnlich, wenn nicht sogar besser, als unreines Calciumsalz für Salbenzwecke geeignet, soweit die Stabilität als Test gewertet wird.

4. Penicillinsalben sind im Eisschrank etwas stabiler als bei höherer Temperatur.

5. Die Gegenwart von Sulfathiazol, Sulfadiazine, Benzocain, Epinephrin beeinflußt die Stabilität des Penicillins in einer Salbe nicht wesentlich, während Wasser, Carbowachs, Zinkstearat und getrocknetes Aluminiumhydroxyd die Zersetzung in einem beträchtlichen Maße beschleunigen.

Dieser Überblick zeigt die Schwierigkeiten der Zusammenstellung und die uneinheitliche Beurteilung von Penicillinsalben. Man suchte daher seit der Einführung penicillinhaltiger Salben Grundlagen zu finden, die eine Diffusion des Penicillins in zufriedenstellender Weise ermöglichen, und seine Haltbarkeit nicht beeinflussen. Es sei hier auf die Monographie von MARCHIONINI und GÖTZ, „Penicillinbehandlung der Hautkrankheiten", verwiesen, in welcher die grundlegenden Fragen übersichtlich behandelt sind. Für die Salbenrezeptur ist hervorhebenswert, daß alle Penicilline, von denen die bekanntesten das Penicillin F, G, X und K sind, einbasische Säuren mit einem p_H von etwa 2,9 darstellen. Sie bilden mit Na, K und Mg Salze, die stabiler als die freien Säuren sind. Im gelösten Zustande sind sie besonders empfindlich und verändern

---

[1] ZENNER u. KNAPP: Z. Hyg. 131, 435—442 (1950).

in Gegenwart von Metallen (Zink, Kupfer, Blei und Aluminium) rasch ihre Struktur und werden durch oxydierende Verbindungen sowie durch etwa 10 min langes Kochen zerstört. Kurzes Erhitzen auf 70° C beeinträchtigt ihre Wirkung nicht wesentlich. Wäßrige Lösungen verlieren nach 3—6 Tagen bei Zimmertemperatur etwa 10% der Aktivität. Antiseptica setzen die Wirkung herab (MARCHIONINI u. GÖTZ[1]).

Wasserfreie Salben halten besser. Im Augenbindehautsack wird das Penicillin durch die Tränenflüssigkeit ausgeschüttelt. Wasserfreie Grundlagen sind hier empfehlenswerter. Auf der Haut werden O/W-Emulsionen und Hydrogelsalben wirksamer sein. Die geringe Haltbarkeit soll durch kurze Bevorratung (Eisschrank) ausgeschaltet werden (BÜCHI u. GUNDERSEN[2]). *Aus Ö/W-Emulsionen* tritt das Penicillin außerordentlich schnell heraus und wirkt intensiv. Penicillin ist das einzige Antibioticum, das die Leukocyten nicht beeinflußt. Es wird empfohlen, keine Antiseptica zuzusetzen, da diese eher stören und die Leukocytose verhindern. Sulfonamide sind in Salben schwächer wirksam als Penicillin, ihr Zusatz ist daher nicht zu empfehlen.

Nahezu alle Antibiotica, insbesondere aber Penicillin, können, wie schon bemerkt, schwere *Allergosen* verursachen. GÖTZ[3] empfiehlt daher von Penicillin und Streptomycin 2000 E in 1,0 cm³ physiologischer Kochsalzlösung aufzunehmen und damit intracutan zu testen. Dadurch könnten Allergien, die z. B. auf vorhergegangene Mycosen zurückzuführen sind, ausgeschlossen werden.

Die Überempfindlichkeitsreaktion Penicillin-haltiger Salben können die verschiedensten Ursachen haben. Eine *Sensibilisierung* ist z. B. möglich durch Oberflächensubstanzverluste, wenn das Stratum Malpighi freiliegt. Ferner können sich bei gleichzeitig vorliegenden Dermatomycosen Antikörper bilden, die FELDMAN[4] als Gruppensensibilisierung bezeichnet. ZINZIUS[5] hat diese Beobachtungen gesammelt und eingehend beschrieben.

Die meisten Autoren stimmen heute darin überein, eine externe Penicillinbehandlung nur in besonderen Fällen vorzunehmen, wenn durch Testversuche eine spezifische Empfindlichkeit der Krankheitserreger gegen Penicillin festgestellt ist. Da Penicillin auf die Teilungsphase der Erreger wirkt, wird ihre Empfindlichkeit umso stärker sein, je schneller ihre Wachstumsgeschwindigkeit ist. Nach KRAMPITZ u. WERKMAN[6] wird der Abbau der Ribonucleinsäure der Bakterien gehemmt.

Manche Pilze und Hefen (Candida albicans) werden durch Penicillin von ihren natürlichen Feinden befreit, jedenfalls beginnen sie zu wuchern und können zu einer ernsten Gefahr werden. JANKE[7] berichtet

---

[1] MARCHIONINI u. GÖTZ: Penicillinbehandlung der Hautkrkh. Springer 1950.
[2] BÜCHI u. GUNDERSEN: Pharm. Acta Helvet. **32**, 86 (1948).
[3] GÖTZ: Klin. Wschr. **1951**, 34, 55. — Hautarzt 2, 63 (1951).
[4] FELDMAN: Ohio Med. J. **45**, 131 (1949).
[5] ZINZIUS: Die Antibiotica und ihre Schattenseiten, Stuttgart: Hippokrates Verlag 1954.
[6] KRAMPITZ, L. O., and C. H. WERKMAN: Arch. of Biochem. **12**, 57 (1947).
[7] JANKE: Zbl. Hautkrkh. **10**, 9, 387 (1951).

von derartigen Schäden an der Mundschleimhaut. KÄRCHER[1] beschreibt mehrere schwere Penicillinallergien, eine mit tödlichem Ausgang.

Nach den neuesten Untersuchungen sind 80% aller Staphylokokkenstämme in den Städten, 25% auf dem Lande penicillinresistent (Literatur bei ZINZIUS). Nun kann man auf Grund dieser Tatsache einerseits Fehlschläge beobachten, andererseits fürchten, daß die Prozentzahlen noch weiter hinaufgehen.

Der Vorteil der Salbenanwendung liegt in der Maximalpenicillinkonzentration an der Salbenkontaktfläche, so daß der Blutspiegel vernachlässigt werden kann. Interessant ist in diesem Zusammenhang die Feststellung von SCHACHTER[2], daß der Penicillinlymphspiegel länger als der Blutspiegel anhält.

Für die Praxis ist natürlich zu fordern, daß bei der Behandlung von krustösen Hautveränderungen bei Pyodermien vor Auftragen der Salbe die Krusten entfernt und der Krankheitsherd von eitrigen Belägen befreit wird, damit ein Kontakt des Penicillin mit den Eitererregern stattfinden kann.

Leider haben sich Penicillinsalben auch in Hausapotheken der Laien eingeführt und können dort Schaden verursachen. GOUGEROT[3] warnt vor der kritiklosen polypragmatischen Penicillinanwendung in Salben und anderen Arzneiformen. Penicillin soll schweren Fällen und dem Arzt vorbehalten bleiben, da andernfalls Penicillin-resistente Stämme gezüchtet werden, die dann im Ernstfall zu Versagern führen. Eine Daueranwendung in Salben, Waschmitteln, Rasiercremen und Zahnpasten ist abzulehnen. Die unkontrollierbare Anwendung aller dieser Salben, einschließlich der Nasen- und Augensalben dient zur Züchtung resistenter Stämme bzw. einer unerwünschten Beeinflussung der apathogenen Bakterienflora. Eine Ausnahme macht vielleicht die Sycoscillin Rasierseife (Ellendorf & Co.), die WILDE[4] und NEUHAUS[5] empfahlen.

Die örtliche Penicillintherapie verursacht nach HOFFMANN[6], McINNIS[7] in 40% der Fälle Dermatitiden. BECHT[8] ist der Ansicht, daß ihre Zahl an die der Sulfonamid-Dermatitiden heranreiche. Meist beobachtet man Juckreiz, häufig Erytheme und Urticaria. Die Reizungen können auch ohne Behandlung, bei Schwestern und Ärzten auftreten, die viel mit dem Antibioticum in Berührung kommen.

Lokal verursachen Penicillinsalben mitunter Schädigungen durch ihre Granulationshemmung, wie auch durch eine Erhöhung der Permeabilität der Capillaren, die ihrerseits eine vermehrte Exsudation verursacht. Diese Schäden werden nach RAUCH[9] durch Zusatz von Ascorbinsäure zur Salbe und orale Gaben von Vitamin K herabgedrückt.

---

[1] KÄRCHER, K. H.: Die Medizinische **33/34**, 1089 (1954).
[2] SCHACHTER, R. J.: Proc. Soc. Exper. Biol. a. Med. **68**, 29 (1948).
[3] GOUGEROT: Bull Acad. Nat. Méd. (Paris) **1950**, 134, 144.
[4] WILDE: Ärztl. Prax. **51** (1953).
[5] NEUHAUS: Ärztl. Prax. **3**, 52 (1951).
[6] HOFFMANN: Arch. of Dermat. **55**, 630 (1949).
[7] McINNIS: Ann. Allergy **5**, 102 (1947).
[8] BECHT: Ärztl. Woche **1950**, 53—54.
[9] RAUCH: Schweiz. med. Wschr. **1949**, 79. — Dtsch. med. Wschr. **1949**, 863.

STAEHLER, MATIS u. BAUER[1], JOHNE[2] empfehlen lokale Beigaben von Rutin, SCHEELE[3] von Hesperidin, KNOBLAUCH u. KLUDAS[4] geben Antivirus zur Salbe.

Nach CHISHOLM[5], sowie FLEMING u. FISH[6] verlängert Penicillin die Blutgerinnungszeit, so daß bei großen, mit Nachblutungsgefahr einhergehenden Defekten, Vorsicht am Platze ist.

KNIERER[7] bringt in einem Überblick über die Verhütung von Überempfindlichkeitsreaktionen auch seine Erfahrungen mit TWEEN-Zusätzen, die SCHOOG[8] als erster empfahl. Er hoffte einen höheren Penicillinspiegel zu erzielen, mußte aber die Versuche abbrechen, da die Verträglichkeit nicht besser wurde. Er sah allerdings, ähnlich wie RAUCH, NAEGELI, JOHNE und MATIS, bei Verwendung der *Pasimyxin-Salbe* (Deutsche Novocillin-Gesellschaft, München) keine Überempfindlichkeit bei 28 Patienten unter 30 Probanden. Das gute Resultat wird auf den Zusatz von Hesperidin-Methylchalkon, das zur Gruppe der P-Faktoren gehört, zurückgeführt.

Beim Versuch einen Ausblick zu geben, ist folgendes festzulegen: Über den galenischen Teil der Penicillin-Salben und die Herstellung, über optimale Grundlagen und Hilfsstoffe wissen wir weitgehend Bescheid. Die Frage der Haltbarkeit ist zur Zufriedenheit gelöst, ungeeignete Grundlagen können ausgeschaltet werden. Die therapeutische Anwendung wird durch Überempfindlichkeitserscheinungen und das Resistentwerden zahlreicher Stämme eingeschränkt.

Aus der großen Anzahl der therapeutisch ausgerichteten Publikationen über Penicillin-Salben seien nur einige wenige ausgewählt. Sie behandeln meist Kombinationen, und zwar häufig solche mit Sulfonamiden, die sonst bisweilen, da die Wirkung nicht verstärkt werden soll, auch abgelehnt werden.

PS-Salbe Grünenthal wird von KWOCZEK u. MOERS-MESSMER[9] empfohlen, da sich die beiden Komponenten ergänzen.

Die *Gompecillinsalbe* (Böhringer/Waldhof) enthält 1500 E Penicillin und 0,25 g Sulfonamidglukosid in 5,0 g Salbe und wird bei eitrigen Kieferhöhlenempyemen lokal angewandt (KLENNER[10]). JOHNE[11] empfiehlt die Lokalbehandlung mit *Permicutan* Penicillin, das als Lösung appliziert, wirksamer als in Salben ist. Es enthält Penicillin und Rutin. Die Mikroflora der Oberfläche von Brandwunden zeigt vor allem Staphylococcus aureus, dann albus, Streptococcus hämolyticus,

---

[1] STAEHLER, MATIS u. BAUER: Die Medizinische 4 (1951).
[2] JOHNE: Arch. f. Dermat. 194, 3 (1954).
[3] SCHEELE: Die Medizinische 8 (1954).
[4] KNOBLAUCH u. KLUDAS: Zbl. Hautkrkh. 10, 419 (1951).
[5] CHISHOLM: Brit. Med. J. 1947, 4521, 351.
[6] FLEMING and FISH: Brit. Med. J. 1947, 242.
[7] KNIERER: Zbl. Hautkrkh. 38, 7, 194 (1955).
[8] SCHOOG: Schweiz. med. Wschr. 1952, 1238.
[9] KWOCZEK, MOERS-MESSMER: Zbl. Hautkrkh. 9, 6 (1950).
[10] KLENNER: Med. Wschr. 1950, 5.
[11] JOHNE: Arch. f. Dermat. 194, 3 (1952).

Pyocyaneus und andere. KASKIN[1] empfiehlt daher Penicillinsalben mit 350 E pro Gramm und JACKSON[2] *Polymyxin E-Salbe* mit Zusatz von Penicillin.

Leukocillase (Penicillin-Gesellschaft, Göttingen) solubile ist eine sterile Trockensubstanz mit 15 E Trypsin (nach WILLSTÄTTER), 50000 iE gepuffertem Penicillin G-Natrium, 25000 E Streptomycinsulfat und 25000 E Dihydrostreptomycinsulfat (jeweils = 0,025 g Streptomycinbase). Mit aqua dest. wird ein gebrauchsfertiges, völlig klares Präparat mit einer Wasserstoffionen-Konzentration von p_H-7,2 erhalten.

Das in Leukocillase solubile enthaltene hochgereinigte Trypsin greift nur abgestorbenes Gewebe sowie Fibrin und andere Exsudate an und verhält sich gegenüber gesundem Gewebe völlig indifferent, falls die unten genannten Dosierungsvorschriften eingehalten werden. Trypsin wirkt optimal bei Körpertemperatur und einem Wasserstoffionen-Milieu zwischen p_H-6,5 und 7,5. Die fertig angesetzte Lösung sollte Temperaturen über 50° C nicht ausgesetzt werden und hält sich im Kühlschrank etwa 48 Std; es ist jedoch zu empfehlen, die Lösung am gleichen Tage zu verbrauchen.

Wir selbst benutzen Leukocillase-Kegel forte. Jeder Kegel enthält 0,25 E Trypsin (nach WILLSTÄTTER), 2000 iE Procain-Penicillin und 2000 E Dihydrostreptomycin. Die Lactose-Grundlage ist resorbierbar steril. Während das Trypsin Gewebstrümmer abbaut, ohne lebendes Gewebe zu beeinträchtigen, sowie bakterielle Toxine (Diphtherie-, Staphylokokken- und FRAENKEL-Toxine) zerstört, hemmen Penicillin und Streptomycin die Bakterienflora. Unsere Erfahrungen betreffen verschmierte Ulcera cruris sowie zerfallene Hauttumoren, ferner zur Säuberung von Ulcerationen vor der Transplantation. Kurz nach der Applikation wird meistens etwas Brennen angegeben, das aber rasch abnimmt. Überempfindlichkeitserscheinungen haben wir nicht gesehen. Die Reinigung der Fibrinaufläge war gut, wenn auch etwas schwächer als bei der Varidase.

Trichomycin stellt nach einer Veröffentlichung von S. HOSOYA[3], M. SOEDA, N. KAMATSU, K. S. IMAMURA, K. OKADA, S. NAKAZAWA u. T. YAMAGUCHI[3], Institute for Infectious Diseases, University of Tokyo, Minatoku-Shiroganedaimachi, Tokyo, Japan ein besonders interessantes Antibioticum dar, das leider in Deutschland noch nicht erreichbar ist. Das Trichomycin wurde aus dem Mycel und dem Kulturfiltrat einer Streptomyces-Art gewonnen und erwies sich in vitro und in vivo gegen Protozoen, Trichomonas, Entamoeba histolytica, Spirochaeta pallida, mehrere Pilzarten als wirksam. Besonders interessant ist das Mittel, weil es auch gegen die Candidagruppe wirksam ist und zwar eine vollständige Hemmung der Candida albicans in der Nährbouillon schon bei einer Konzentration von weniger als 1 γ zeigt.

[1] KASKIN: Chirurgija 4, 13 (1949).
[2] JACKSON: Lancet 1952, 137, 6674.
[3] HOSOYA, SOEDA, KAMATSU, IMAMURA, OKADA, NAKAZAWA u. YAMAGUCHI, Ärztl. Forsch., 9, I, 46, 1955.

Zur Trichophytie-Behandlung wurde Trichomycin in Japan in einer hydrophilen Vaseline-Salbe angewandt und war anderen antimykotischen Präparaten überlegen, ohne Nebenerscheinungen zu zeigen.

Tyrothricin

ist von den älteren Antibioticis in Salben und Lösungen am besten haltbar. BECH u. GARDENHJE[1] geben Rezepte an, die 18 Monate lang brauchbare Salben gewährleisten. Über die Beeinflussung der Wirkung durch Zusatzstoffe und die Wahl der besten Salbengrundlagen wissen wir noch nicht viel. Das Antibioticum wird jedenfalls von den verschiedensten Substanzen beeinflußt. LEHMANN[2] berichtet, daß Tween 80 in steigender Konzentration die Wirkung schädigt bzw. aufhebt. Cetylpyridiniumchlorid sei ein Antagonist des Antibioticums. Dies nimmt Wunder, denn Tyrosolvin (LUNDBECK), eine bekannte Spezialität, enthält 0,025% des Wirkstoffes und das Desinfektionsmittel in einer Salbe vereinigt.

Die *Tyrothricinsalbe Grünenthal* enthält nur 1 mg Antibioticum pro Gramm Salbe.

SCICLONOFF u. EPINAY[3] berichten von guten Erfahrungen mit Thyrothricinsalben bei atonischen Erfrierungen und ulcus varicosum.

Bacitracin

500 E pro Gramm Salbe bewährte sich bei zahlreichen Infekten. OLLENDORF-CURTH[4] haben als Salbengrundlage Carbowax verwendet (siehe Diffusionskurve).

Pikromycin

ist das Stoffwechselprodukt eines Actinomyceten. SUHREN[5] hat es in Lanettewachssalben eingearbeitet, bei den verschiedensten Infekten mit Erfolg angewendet.

Chloramphenicol

2% in Carbowax enthält die *Paraxinsalbe* (Böhringer/Waldhof). Sie soll gegen grampositive wie auch -negative Keime bei experimentellen Pyodermien wirksam sein (PAULETTA[6]). Von Bayer ist die 1% *Leukomycinsalbe* auch als Augensalbe im Handel.

Endomycin

ein Antibioticum aus einer Streptomycesart ist dermatologisch gegen viele grampositive Keime und Pilzarten wirksam (GOTTLIEB[7]).

Neomycin

Nebacetin-Salbe enthält Neomycin und Bacitracin. Die Salbe dient zur Behandlung von Pyodermien, sowie auch Diphtherie-Bakterien.

---

[1] BECH u. GARDENHJE: Farm. Tidende 64, 208, 217 (1954).
[2] LEHMANN: Schweiz. Apoth.-Ztg. 92, 768 (1954).
[3] SCICLONOFF u. EPINAY: Schweiz. med. Wschr. 1948, 33, 805.
[4] OLLENDORF-CURTH: Hautarzt 1, 193 (1950).
[5] SUHREN: Med. Klin. 1951, 775.
[6] PAULETTA: Giorn. ital. Dermat. 1952, 67.
[7] GOTTLIEB: Phytopathology 41, 393 (1951).

Myacyne-Salbe (O/W. G. Chemie) enthält Neomycinsulfat (1 cm³ Salbe = 5 mg Wirkstoff), besonders gegen Pyocyaneus, Proteus und Coli soll diese Salbe anderen Antibioticis überlegen sein.

Aureomycin

Über die Lokalbehandlung mit den Tetracyclinen, Aureomycin und Achromycin berichtet H. R. FISCHER[1]. Die Verwendung dieser Antibiotica in Salbenform wurde nach vorheriger Testung und Resistenzbestimmung der vorliegenden Keime durchgeführt und wird als Fortschritt in der Therapie bakterieller Dermatosen bezeichnet. Durch das breite Wirkungsspektrum werden sie besonders bei hartnäckigen bakteriellen Hauterkrankungen zum Ziele führen, wobei die Gefahr einer Sensibilisierung sehr gering ist. Es wurde eine 1%ige Achromycin-Schüttelmixtur oder 1% Aureomycin Zinkpaste oder Zinköl rezeptiert, wobei der Zusatz „sine aqua et frigide paratum" empfehlenswert ist, da die Stabilität von Aureomycin in wäßrigem Medium sehr gering ist, in wasserfreien Ölen ist es weitgehend stabil. Unter einem großen Krankengut wurde nur einmal eine Reizung gesehen. 3%ige Salbe stellt LEDERLE her. ROSENBERGER[2] hat sie mit Erfolg bei Folliculitis barbae verwendet. LUTZ[3] referiert ausländische Arbeiten, denen zufolge Aureomycinsalben bei Herpes simplex gut wirken. GELLER[4] hingegen fand weder durch dieses Antibioticum noch durch Terramycin und Chloromycetin eine Beeinflussung dieser Virenerkrankung im Tierexperiment.

Fungicidin

ist ein Antibioticum aus einer Streptomycesart, das gegen fast alle pathogenen Hyphomyceten und Hefen wirkt. RICHTER[5] berichtet über diesbezügliche ausländische Arbeiten.

Bacitracin wird in Salbenform von der Heidelberger Pharma GmbH. hergestellt. Das Bacitracin wurde im Jahre 1943 von MELENEY aus einem Stamm des Bacillus subtilis gewonnen und besitzt ein antibiotisches Spektrum ähnlich dem von Penicillin. Es hat ein breiteres Spektrum gegen nicht hämolytische Streptokokken und grampositive Kokken. Die Salbe ist reizlos und die Sensibilisierungsquote liegt bei etwa 1% unter der Quote anderer Antibiotica. Die Pharma Heidelberg stellt auch eine Bacitracin-Salbe (blau) in tropfenflüssiger Konsistenz für die Ophthalmologie, sowie für Gehörgangsekzeme usw. her.

Varidase (LEDERLE) siehe unter Fermentsalben.

Usninsäure

Die Warnungen vor der kritiklosen polypragmatischen Penicillin-Anwendung, die Gefahren schwerer Allergosen und der Züchtung resistenter Stämme haben den einen von uns veranlaßt, aus einer ganz

[1] FISCHER, H. R.: Zbl. Hautkrkh. **17**, 2 (1955).
[2] ROSENBERGER: Zbl. Hautkrkh. **10**, 356 (1951).
[3] LUTZ: Dermatologica (Basel) **103**, 55 (1951).
[4] GELLER: Amer. Ophthalm. **34**, 165 (1951).
[5] RICHTER: Zbl. Hautkrkh. **12**, 156 (1952).

anderen Gruppe von Antibioticis die Usninsäure, insbesondere im dermatologischen und chirurgischen Gebiet einzusetzen[1]. Usninsäure ist eine sogenannte Flechtensäure, ein Wirkstoff mit antibiotischen Eigenschaften, dessen Spektrum dem des Penicillin außerordentlich ähnlich ist. Sie ist weitgehend ungiftig und beeinflußt im wesentlichen grampositive Keime. KÖNIGSBAUER[2] hat einen 0,2%igen Usniplant-Wundpuder (Usniplant ist der in Deutschland geschützte Name für Usninsäure) und die gleichstarke Usniplant-Wundsalbe einer eingehenden Prüfung

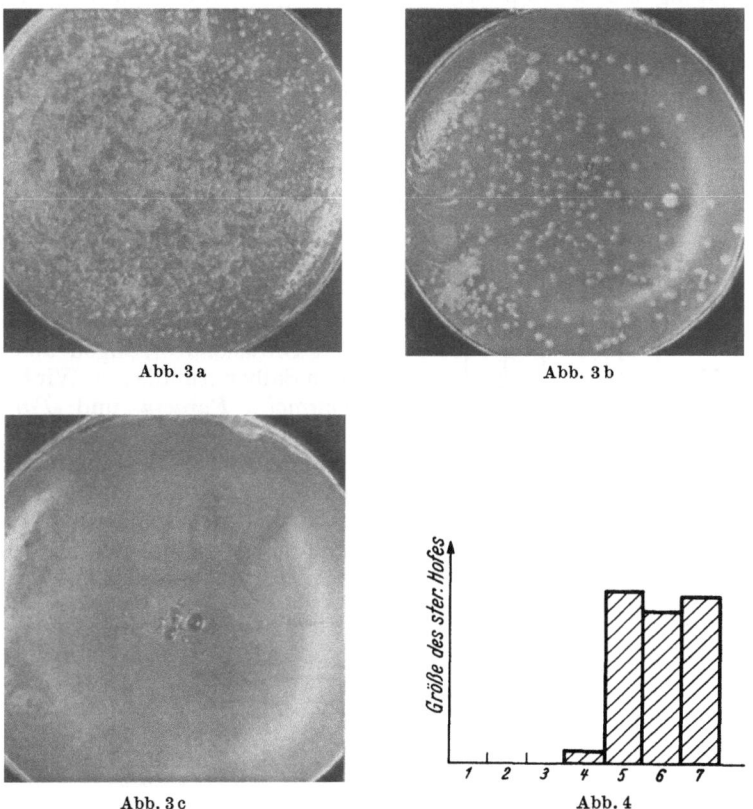

Abb. 3 a   Abb. 3 b

Abb. 3 c   Abb. 4

Abb. 3 a—c. Abnahme der Keime auf der Haut bei einem bakteriellen Ekzem. Klatschteste bei Beginn der Behandlung, nach 4 und 6 Tagen (Usniplant = Usninsäure)

Abb. 4. Usninsäurediffusion im Plattentest. 1 Vaselin, 2 Fett, 3 Ungt.molle, 4 Lanette, 5 Glycerinsalbe, 6 Polyaethylenoxyd, 7 Cremolan 100 V

unterzogen und festgestellt, daß das gute Ansprechen strepto- und staphylogener Dermatosen die Möglichkeit einer breiten Anwendung eröffnet. Penicillinresistente Stämme sind gegen Usninsäure weiter empfindlich.

[1] CZETSCH-LINDENWALD: Arzneimittel-Forsch. 5, 9 (1955).
[2] KÖNIGSBAUER, H.: Hautarzt 6, 11 (1955).

Eine Entwicklung resistenter Stämme scheint bei der Usniplant-Behandlung seltener zu sein als bei Penicillin. Die bei den Untersuchungen im Klatschtest abgenommenen Stämme zeigten nach teilweise 20maliger Überimpfung keine Minderung der Empfindlichkeit.

Die Resultate, die an mehreren 100 Fällen gewonnen wurden, seien kurz zusammengefaßt.

Usniplant-Wundsalbe und -Puder werden gut vertragen, die Keimzahl nahm rasch ab. Bei den beobachteten Fällen konnte insbesondere bei der Anwendung der Jontophorese eine sehr gute antibiotische Wirkung erzielt werden.

Als Indikationen wurden erarbeitet: Impetigo vulgaris der lanugobehaarten Haut, Furunkulosen, infizierte Wunden, Ulcera cruris, insbesondere infizierte, bakterielle und nummuläre Ekzeme, Balanitis mit vorwiegend strepto- und staphylogener Flora.

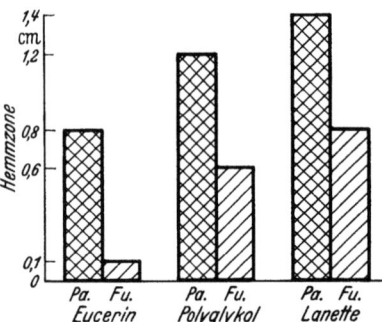

Abb. 5. Diffusionsversuche mit verschiedenen Salbengrundlagen bei Verwendung von Furacin und Paraxin. Teststamm SG 511 (Staph. albus)

Die uneinheitliche Wirkung verschiedener im Handel befindlicher antibioticahaltiger Salben führt zwangsläufig zu einer systematischen Untersuchung nach optimalen Diffusionsvorgängen aus verschiedenen Salbengrundlagen. Wir haben mit *Bacitracin, Furacin* und *Paraxin* Diffusionsversuche mit verschiedenen Salbengrundlagen bei Verwendung des Plattentestes mit empfindlichen Bakterienstämmen vorgenommen und lassen 2 Diagramme folgen, die recht eindrucksvoll die verschiedenen Hemmzonen der Antibiotica und des Desinficiens aus den verschiedenen Salbengrundlagen zeigen.

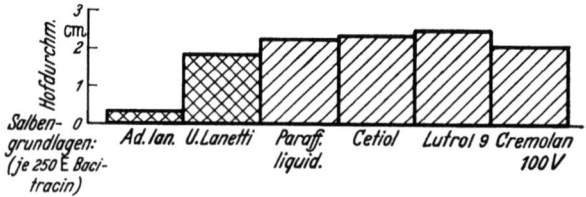

Abb. 6. Diffusion von Bacitracin in verschiedenen Salbengrundlagen auf Kulturplatten

Das Paraxin zeigt aus Lanettewachs-Emulsion eine erheblich größere, fast doppelt so große Hemmzone wie aus Eucerin. Ähnliche Verhältnisse liegen beim Furacin vor, das in Eucerin nur sehr minimal hemmt.

Die Tab. 6 zeigt die Diffusion von Bacitracin. Aus Adeps lanae kaum nennenswerte Hemmzone, während aus Ungt. Lanetti, Paraffin liquid., Cetiol, Lutrol 9 und Cremolan 100 eine etwa für alle Substanzen gleich große ausreichende Diffusion erfolgt.

Abb. 4 (S. 79) zeigt, welche Unterschiede verschiedene, an sich gleich starke. Usninsäure Salben und Puder im Plattentest ergeben, und daß der Laboratoriumsversuch der klinischen Erprobung vorausgehen soll.

Zusammenfassung

Erscheint die Anwendung von Antibiotica- oder Sulfonamidzubereitungen unumgänglich, sollte man sich durch vorherige Keimtestung orientieren, ob sulfonamid- oder penicillinempfindliche Keime vorliegen. Besteht nicht diese Möglichkeit, ist es besser, auf Breitspektrumantibioticasalben zurückzugreifen. Sie sensibilisieren erfahrungsgemäß sehr selten und wirken sicherer. Bei gramnegativen Keimen haben sich neomycinhaltige Salben durchgesetzt. Da aber häufig eine Mischflora vorliegt, ist hier die Kombination mit dem stark wirksamen Oberflächenantibioticum Bacitracin zu empfehlen (Nebacetin). Von den anderen Antibiotica hat das Chloromycetin ein sehr breites Spektrum und hat sich uns in Salbenform gut bewährt. Nach all dem Gesagten könnte man heute auf lokale Penicillinanwendung verzichten. KIMMIG geht noch weiter und glaubt, daß ein Verbot der lokalen Penicillinanwendung berechtigt sei.

Bei den Sulfonamidverbindungen gibt es erfahrungsgemäß lokal stark und relativ selten sensibilisierende Verbindungen. Wahrscheinlich sind größere Moleküle weniger reaktive Körper als einfach gebaute. Auch spielt die Substituierung und Stellung am Benzolring eine große Rolle. Wir haben bei langjähriger Anwendung von Albucidzinkpaste nur ganz

M P-Puder {

Prontalbin
(p-aminophenylsulfonamid) NH_2—⟨ ⟩—$SO_2 \cdot NH_2$

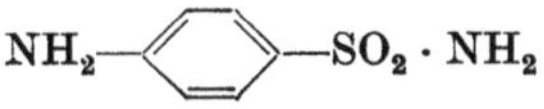

Marfanil
(p-aminomethyl-phenylsulfonamid) $NH_2 \cdot CH_2$—⟨ ⟩—$SO_2 \cdot NH_2$

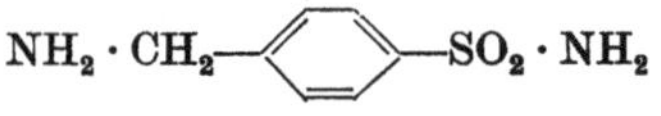

Albucid
(p-aminophenyl-acetylsulfonamid) NH_2—⟨ ⟩—$SO_2 \cdot NH \cdot CO \cdot CH_3$

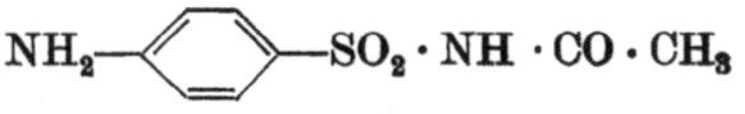

Globucid
(p-aminobenzol-sulfonamido-äthyl-thiodiazol)

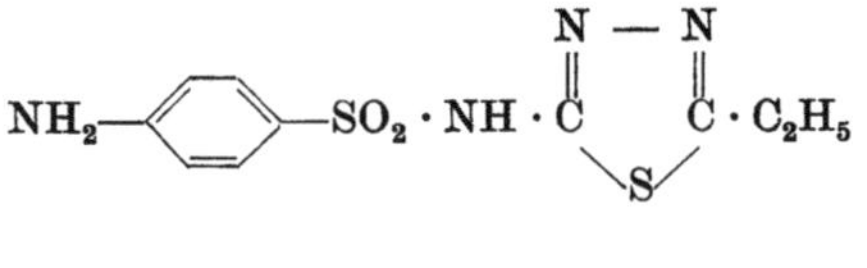

$$NH_2—⟨\ ⟩—SO_2 \cdot NH \cdot C \overset{N-N}{\underset{S}{\diagdown\diagup}} C \cdot C_2H_5$$

Cibazol, Eleudron
(Sulfanil-amidothiazol) NH_2—⟨ ⟩—$SO_2 \cdot NH \cdot C \overset{N-CH}{\underset{S}{\diagdown\diagup}} CH$

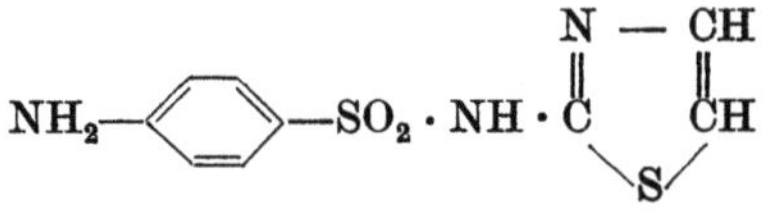

Phenacetin
(Äthoxyazetanilid) OC_2H_5—⟨ ⟩—$NH \cdot CO \cdot CH_3$

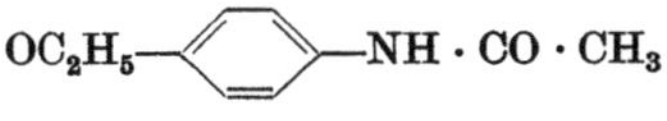

Anaesthesin
(p-amino-benzoesäure-äthylester) NH_2—⟨ ⟩—$COO \cdot C_2H_5$

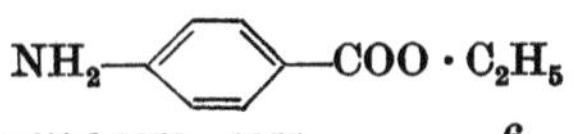

vereinzelt Sensibilisierungen gesehen. Dagegen waren relativ häufig Dermatitiden nach MP-Puder oder Cibazolsalben zu beobachten. Diese Tatsachen nehmen nicht wunder, wenn man sich vor Augen hält, daß die Sulfonamide auf Grund der Paraaminogruppe mit den Anaesthetica, Anilinfarbstoffen und Tuberkulostatica (PAS) verwandt sind.

Antimykotica

Alle Versuche, ein in jedem Falle wirksames Antimykoticum zu finden, haben noch zu keinem befriedigenden Resultat geführt. Man sieht dies schon an der Unzahl Publikationen, die sich mit den verschiedensten wirksamen Substanzen beschäftigen. Vom Carbolglycerin über das Brillantgrün, die Nipagine und chlorierte Kresole wurde das ältere Rüstzeug wieder durchgearbeitet. Jod, Zinnober, Wasserstoffsuperoxyd-glycerin und Ichthyol vervollständigen diese Liste.

Die neueren Arbeiten beschäftigen sich insbesondere mit folgenden Arzneimittelgruppen:

1. Niedere Fettsäuren (Propion und Caprylsäure), sowie deren Salze.
2. Undecylensäure.
3. Phosphoniumbasen.
4. Hexylresorcin, Dibromsalicyl und andere Salicylverbindungen, chlorierte Aromate.
5. Cupricitrat.
6. Sonstige (Sulfonamide, Antibiotica).

Bevor wir uns den einzelnen Gruppen zuwenden, müssen wir feststellen, daß die Salbenbasis für die meisten modernen antimykotischen Salben Polyäthylenoxyde sind.

Die Salben sind abwaschbar, die meisten Wirkstoffe sind darin löslich oder doch gut zur Wirkung zu bringen.

Sulfonamide werden von dieser Grundlage allerdings im Modellversuch, sofern nicht die Überschichtung gewählt wird, zurückgehalten, so daß die Erfolge ursprünglich nur als mäßig beurteilt werden.

Alle Salben haben den Nachteil, daß sie nur sehr oberflächlich wirken und tiefere Schichten nicht beeinflussen können. Man sucht die Penetration durch Netzmittelzusatz zu heben. Im *Bradex Vioform* soll dies die Invertseife erreichen, in einer Arbeit von BUSHBY u. STEWARD[1] wird die Steigerung der Tiefenwirkung als brennendstes Problem geschildert. Bei eigenen Versuchen haben wir mit Erfolg Laurylsulfat eingesetzt.

SCHÄBER[2] empfiehlt, Nekal Bx (3—5%) zu einer Ortho-Vanillinpaste zuzufügen.

HÄNSEL u. SZAKALL[3] haben den Versuch gemacht, die Penetrations-fähigkeit der niederen Fettsäuren durch Veresterung mit gleichkettigen Alkoholen zu steigern. Ihre Modellversuche an Hefen fielen negativ aus, in vivo sollen sich die Ester aber bewährt haben. Sie hatten eine gute Penetrationskraft.

[1] BUSHBY and STEWARD: Brit. J. Dermat. **61**, 315 (1949).
[2] SCHÄBER: Zbl. Hautkrkh. **12**, 302 (1952).
[3] HÄNSEL u. SZAKALL: Fette u. Seifen **53**, 337 (1951).

Nun zu den niederen Fettsäuren. Sie sind nicht über 1:10000 wirksam, aber besonders gut verträglich und scheinen im Sinne der „Terraintherapie" (MARCHIONINI) als saure, noch wasserlösliche Substanzen günstig zu sein.

Höhermolekulare Fettsäuren, insbesondere die am meisten verwendete Undecylensäure, sind nicht mehr wasserlöslich. Sie gehören heute zu den verbreitetsten Antimykoticis, nicht so sehr wegen ihrer überragenden Wirkung, sondern infolge ihrer verhältnismäßig leichten Darstellung. Sie ermöglicht es auch kleineren Firmen, ein „neues" Antimykoticum herzustellen.

Über das Destillat, das man erhält, wenn man Lebertran krackt, die bei 250° C entstehenden Dämpfe kondensiert und durch waschen mit Wasser von Acrolein befreit, berichtet SOLOMIDES[1]. Er verwendet dieses Destillat jodiert und unjodiert zur Behandlung von Mykosen und bakteriellen Infektionen sowohl in der internen wie in der Hauttherapie und stellt eine antibiotische Wirkung fest.

Wir konnten die Wirkung, die auf die bei der Destillation entstehenden niederen Fettsäuren beruhen dürfte, nur in geringem Maße bestätigen. Der gekrackte Lebertran übertrifft die Präparate ähnlicher Art in keiner Weise.

Benzoderm, ein Antimykoticum der Arzneimittelfabrik Hüls, enthält eine Undecylensäure in Puder-, Salben- und Lösungsform mit einem p_H von 4,5.

Dermyco-Antimykoticum, im Handel unter dem Namen *Acutol* der Uni-Pharma Ges. m. b. H. enthält Salicylsäure, Resorcin, Benzoesäure, Linol- und Linolsäureester.

Einige Salben aus diesen 2 Gruppen, über die in den letzten Jahren publiziert wurde, sollen kurz genannt werden. *Mycozem*-Salbe (Chemosan/Wien) enthält 5% Undecylensäure. *Myco-Sagittralon*, (Sagitta/München). *Fungichtol* der Ichthyolwerke, *Mykotin* (Frankfurter Arzneimittelwerk), *Antisporon* (Ellendorf) sind weitere Präparate. Phosphoniumbasen sind in dem *Myxal* (Thomae) enthalten. Nach KIMMIG[2] sind diese Wirkstoffe aus Polyäthylenoxyden gut wirksam.

Hexylresorcin ist der Wirkstoff der von AXENBECK[3] und ZIMMERMANN[4] empfohlenen Präparate *Mykotox* und *Mykoderm*. Über Bromsalicyl wurde bereits bei der Besprechung der Salicylsäure berichtet.

KIESSLING[5] gibt folgende Vorschrift für ein antimykotisches Öl:

Rp.: Myxal 1,0
Benzylalkohol 10,0
Benzylbenzoat 10,0
Triäthanolamin 50,0
Lutrol . . . . ad 100,0

[1] SOLOMIDES: Ann. Inst. Pasteur 78, 2 (1950).
[2] KIMMIG: Dermat. Wschr. 1952, 1097.
[3] AXENBECK: Zbl. Hautkrkh. 12, 56 (1952).
[4] ZIMMERMANN: Dtsch. Med. J. (1952).
[5] KIESSLING: Dermat. Wschr. 1952, 145.

Dermaphen mite und *forte* (Reiss) sind 2 Medikamente, die zwar keine Salben darstellen, aber dadurch interessant sind, daß sie eine ganze Reihe von Antimykoticis gleichzeitig enthalten.

Dermaphen forte. Glycerin Salicylester, Cupricitrat, Haxylresorcin und Dibromsalicyl.

Dermaphen mite. Dieselben Komponenten, aber an Stelle des Dibromsalicyl Netzmittel. KADEN[1] betont die gute Wirkung in 2 Publikationen. Weitere Resultate veröffentlicht GRUND[2].

Ein weiteres Kombinationspräparat des 5-Bromsalicyl-4-chloranilids in 2%iger Konzentration mit 1% Soventol-Salicylat ist das *Multifungin* (Knoll). Das Soventol wurde als Antipruriginosum hinzugesetzt.

In einer Arbeit von J. MEYER-ROHN[3] wurde in einem experimentellen Teil der Hemmwert gegen Staphylokokken und Epidermophyton KAUFMANN-WOLF bei verschiedenen Salicylaniliden untersucht: Das Salicyl-2-oxyanilid wird durch Substitution eines Chloratoms stark fungistatisch (als interessanter Nebenbefund: die Staphylokokkenwirkung wird geringer!). Werden 2 Halagenatome eingeführt, so wird die Wirkung auf pathogene Hautpilze noch weiter gesteigert. Die Einführung weiterer Chlor- oder Bromatome ins Molekül führt nun nicht — wie man annehmen könnte — zu einer weiteren Verbesserung. Die Wirkung sinkt vielmehr stark ab und erreicht Werte, wie bei den nicht halogensubstituierten Verbindungen. Ein weiteres Beispiel für die Schwierigkeit, Zusammenhänge zwischen chemischer Konstitution und chemotherapeutischer Wirksamkeit aufzuklären!

Die klinische Prüfung des 5-Bromsalicyl-4-chloranilid zeigte eine gute Hautverträglichkeit bei günstiger Hemmwirkung auf die Pilze bei 300 Patienten. Zu ähnlichen Resultaten kommt A. KRAUSHAAR[4]. Ein weiterer klinischer Beitrag erfolgte von RUTHER u. WIEHL[5].

Ebenfalls in die Reihe der Kombinationspräparate gehört das *Mykotox* (Brenner-Alpirsbach), das aus Hexylresorcin, Thymol, Salicylsäure, Oxymethylen und Benzoe besteht und als Salbe, als Lösung und als Puder hergestellt wird. Das Präparat erfreut sich in der Praxis großer Verbreitung.

Hyosan, (Raschig) Chlor-Oxybenzylphenol, Acid. salicylicum.

Mykosan („Gewo" Baden-Baden, Wolhusen/Schweiz), Acid. salicylic. 2% Acid. Lactic. 1% Propyl-paraoxybenzoic. 0,6%, Liquor carb. deterg. 3%.

Bradex-Vioform (Ciba), besteht aus Jodchlor-oxychinolin und Pyribenzamin mit geringem Bradosolzusatz in Polyäthylenglykolgrundlage (POLEMANN[6]).

Das *Chlorisept,* 5—8 Chloroxychinolin mit Zusatz von Salicyl- und Benzoesäure wurde von SCHULZ[7] an 85 Kranken geprüft. Es wurden

[1] KADEN: Therapiewoche **3**, 23, 24, 574 (1953). — Zbl. Hautkrkh. **15**, 2, 48 (1953).
[2] GRUND: Ärztl. Prax. **6**, 37 (1954).
[3] MEYER-ROHN, J.: Dtsch. med. Wschr. **1954**, 1297—1299.
[4] KRAUSHAAR, A.: Arzneimittel-Forsch. **4**, H. 9 (1954).
[5] RUTHER, H., u. R. WIEHL: Zbl. Hautkrkh. **18**, H. 2 (1955).
[6] POLEMANN: Med. Klin. **1953**, 601. — Arzneimittel-Forsch. **5** (1951).
[7] SCHULZ: Zbl. Hautkrkh. **9**, 470 (1950).

2 mal tägliche Pinselungen verabfolgt. Bei Mykosen trat nach durchschnittlich 2—3 Wochen Heilung ein, auch bei interdigitalen Soormykosen wurden gute Erfolge gesehen. Gegen das Austrocknen der Herde wurde gelegentlich eine 2 %ige Salicyl-Zinkpaste eingeschaltet.

Eine ähnliche Verbindung liegt im *Sterosan* und *Siosteran* (Geigy) vor. Diese Substanz wurde von BRUN, MOZART und W. JADDASOHN[1] und von KÄRCHER[2] in der Mannheimer Klinik auch bei Hefeerkrankungen der Haut geprüft. Die Autoren konnten eine wesentlich bessere Hemmung gegenüber Cadida albicans als mit Jodchloroxychinolin, Undecylensäure und Borax feststellen. Das *Siosteran* ist fast wasserunlöslich und besitzt in pharmakologischer und toxikologischer Hinsicht auch gute Eigenschaften für ein Darmdesinfizienz. Dadurch könnten unangenehme Jodnebenerscheinungen ausgeschaltet und die Färbungen mit Farbstoffen wie Gentiana violett entbehrlich werden. Bei eigenen Plattentesten fand KÄRCHER[2] 5,7-Dichlor-8-Oxychinaldin gelöst in Polypropylenglykol wirksamer als in anderen Lösungsmitteln. Das Polypropylenglykol selbst hat keinen antimykotischen Effekt. *Sterosan* war in diesem Lösungsmittel bis 1:70000 absolut wachstumshemmend, erst bei 1:100000 wurde ein Angehen der Kultur beobachtet. Diese Körper sind also in höheren Alkoholen (Fettalkohole und Carbowaxe) besser löslich und wirksamer als in wäßriger Lösung.

KIMMIG[3] berichtet über Phenylimmidazolabkömmlinge, Quecksilberalbucid und sonstige, von denen die ersteren auch parenteral gut verträglich sein sollen.

Über das *Phebrocon Serol* (Merz u. Co.) berichtet ZIMMER[4]. Eine universelle Epidermophytie heilte nach 14 Tagen bei 2maligem täglichen Einreiben ab. Die farb- und geruchlose Salbe besteht aus Dioxyphenylhexan, Chlormethylisopropylphenol und Benzoesäureester in saurer, fettfreier Serolgrundlage.

Robumycon (Robugen G.m.b.H.) besteht aus: p-Bromphenoxypropylrhodanid, 8-Oxychinolin und einem Teerauszug in hautaffinem, reizfreiem Lösungsmittel. Bei Testversuchen zeigten sich in vitro folgende Hemmwirkungen: Fungizid:1:500—1000, fungistatisch 1:60000 bis 90000, sporostatisch 1:50000 und 1:100000 (L. LANDIS, D. KLEY, N. ERCOLI[5]). In eigenen klinischen Untersuchungen erwies sich das Präparat als gut verträgliches Antimykoticum, wobei wohl durch den Teergehalt eine stark juckreizstillende Wirkung beobachtet wurde.

Unter den älteren Präparaten ist hier das *Benzoderm* zu nennen, sowie das *Mycosex*, das Salicylsäure, Benzoesäure, Thymol, Menthol und Campher sowie Farbstoffe enthält.

Dermofungin (Bayer/Leverkusen) wird als Lösung, Salbe und Gel hergestellt. Die Lösung und die Salbe enthält 1% 5-Chlor-8-Oxychinolin, das Gel 1% Dimethyl-dodecyl-3,4-dichlorbenzylammoniumchlorid.

---

[1] BRUN, MOZART u. JADDASOHN: Schweiz. med. Wschr. 1953, 6, 35.
[2] KÄRCHER: Arch. f. Dermat. 197, 51 (1953).
[3] KIMMIG: Arch. f. Dermat. 189, 205 (1949).
[4] ZIMMER: Zbl. Hautkrkh. 11, 245 (1953).
[5] LANDIS, KLEY and ERCOLI: J. Amer. pharmaceut. Assoc. 7, 321 (1951).

Das bisher von der chemischen Fabrik Dr. Pfleger/Bamberg unter der Bezeichnung D 25 vertriebene Antimykoticum wird jetzt von D. F. Boehringer & Söhne/Mannheim unter dem Namen *Novex* vertrieben. Es enthält 2,2 Dioxy-5,5 Dichlordiphenylsulfit und wird sowohl extern als Lösung, Salbe und Puder, wie auch intern als Tabletten angewendet.

Die interne Wirkung von Novex bei Erwachsenen konnten wir bei 2 Fällen von infiltrierender Trichophytie unter dem klinischen Bilde des Kerion Celci durch alleinige Verabfolgung von 6 mal 2 Tabletten 6 Tage lang, dann 4 Tage Pause und noch einmal 6 Tage lang dieselbe Dosis einwandfrei feststellen. Bei einem Kinde von 9 Jahren reichte die halbe Dosis aus.

Die Testung mit Novex-Substanz in unserem Pilzlabor an verschiedenen Pilzkulturen ergab, daß bei verschiedenen Erregern wechselnde Verdünnungsgrade wirksam sind. Am schlechtesten zu beeinflussen sind pathogene Hefen, wie Candida albicans, die eine Konzentration von 1:4000, die Torula 1:10000, Blastomyces 1:50000 (ebenso Sporotrichon und Trichophyton violaceum) beansprucht. Die übrigen Epidermophyten und Trichophyten wurden bereits bei Verdünnungen von 1:200000 und 1:500000 abgetötet (KÄRCHER[1], KWOCZEK u. SCHAEFER[2]).

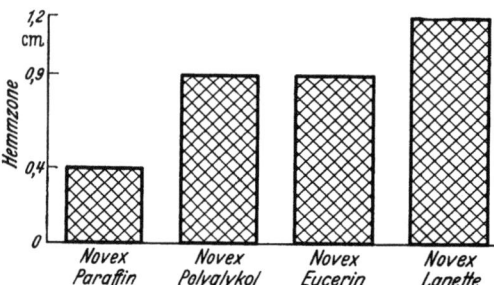

Abb. 7. Diffusionsversuche mit verschiedenen Salbengrundlagen bei Verwendung von NOVEX Teststamm SG 511 (Staph. albus)

Es wurde ferner der Diffusionsvorgang des Novex aus verschiedenen Salbengrundlagen im Plattentest mit Staphylococcus albus (Teststamm SG 511) untersucht. Dabei ergab sich (siehe Diffusionstabelle von Novex) die schlechteste Diffusion aus Paraffin, etwa gleichbleibende fast doppelt so große Höfe aus Polyäthylenglykol und Eucerin-Grundlage, bei weitem der größte Diffusionshof war bei Lanette-Emulsion festzustellen. Die im Handel befindliche Novex-Salbe ist auf Lanettewachsbasis hergestellt.

Mycosinat (Biochema Rheydt) besteht aus Avil-Phenylderivaten, Sulfonamidverbindungen und höheren Alkoholen, zur Betupfung von Mykosen.

Bei einem Überblick über die experimentellen Untersuchungen ist hervorzuheben, daß eine deutliche Differenz in der Wirkung der verschiedensten Antimykotica zwischen den Fadenpilzerkrankungen und den pathogenen Sproßpilzen besteht. Im Anschluß an die Arbeiten von KÄRCHER haben RIETH u. J. H. SCHÖNFELD[3] eine Reihe von Substanzen sowohl gegen Candida albicans wie gegen Trichophyton mentagrophytes untersucht, wobei die Größenordnung der Hemmwirkung als Urteil

[1] KÄRCHER: Arch. f. Dermat. 194, 511 (1952); 197, 51 (1953).
[2] KWOCZEK u. SCHAEFER: Med. Klin. 1950, 838.
[3] RIETH u. J. H. SCHÖNFELD: Hautarzt 3, 120 (1954).

zugrunde gelegt wurde. Es zeigte sich eine geringe Wirksamkeit der Sulfonamide, sowie auch Thiosemicarbazone und Thiosemecarbazid.

Die Salicylanilide und Benzimidazole ergaben gegen Trichophyten und Epidermophyten sowie Mikrosporon eine hohe Hemmwirkung. Diese Substanzen waren aber gegen Candida albicans kaum wirksam.

Die größte Hemmwirkung wurde von organischen Quecksilberverbindungen (an erster Stelle Äthyl-Quecksilberalbucid mit 1:100000) gesehen, sowie unter den Triphenylfarben mit gleicher Hemmwirkung das Malachitgrün. Es bestehen also sicher auffallende Resistenzunterschiede zwischen Sproß- und Fadenpilzen, die eine weitere Klärung von biologischen und Stoffwechseluntersuchungen beider Dermatophytengruppen erfordern.

Zusammenfassende Bemerkungen zu dem Kapitel Antimykotika.

In der antimykotischen Therapie ist die Empfehlung eines sicher wirkenden Mittels unmöglich, wenn auch viele stark fungizide oder fungistatische Verbindungen gefunden wurden und in den Handelspräparaten einzeln oder kombiniert vorliegen. Die Wirkung in vitro noch in hohen Verdünnungen beweist noch nichts bezüglich des Wertes eines Antimykoticums. Bei der antimykotischen Therapie muß die Akuität des Prozesses zuerst in Betracht gezogen werden. Häufig kommt es ja bei stark fungiziden Mitteln durch die Pilztoxine infolge vermehrten Zerfalles der Erreger zu einer heftigen Exacerbation einer chronischen Mykose, d. h. Übergang vom ekzematösen in den vesiculösen Typ. Es verlangt also die gerade vorliegende Morphologie des mykotisch infizierten Terrains das entsprechende Mittel. Bei ekzematösen Formen hat sich die Kombination von Antimykoticum und Antiekzematosum (Teer und sonstiges) am besten bewährt. Bei akuten oder exacerbierten Formen wird man nicht ohne antiexsudative und antiphlogistische Maßnahmen auskommen.

Antizoonotica

DDT und Hexachlorcyclohexan werden auch in der Dermatologie eingesetzt. KORNBLEE[1] verwandte das γ-Isomere des *Gammexans* als Scabiesmittel, man kann es auch bei Kindern über 2 Jahren, ohne Schäden befürchten zu müssen, anwenden.

Gegenüber DDT besitzt Gammexan, das für Warmblüter weniger toxisch ist, als Antipedikulosum Vorteile.

Ersetzt man von den 5 Chloratomen 2 durch Fluor, so erhält man ein wirksameres Mittel, das auf die Medizin insofern Auswirkungen zeigt, als damit krankheitsübertragende Insekten bekämpft werden können (KWOCZEK[2]).

Insektentötende Mittel können im übrigen gar nicht häufig genug gewechselt werden, da sich — eine Parallele zu den Antibioticis — resistente Stämme bilden. Aber auch darin liegen Gefahren, wechselt man nicht im richtigen Rhythmus, so erhält man polyvalente unempfindliche Stämme.

---

[1] KORNBLEE: Arch. of. Dermat. 61, 407 (1950).
[2] KWOCZEK: Med. Mschr. 1, 25 (1950).

Die Insektenvertilgungsmittel verwendete man schon längere Zeit als Dasselbekämpfungsmittel in der Veterinärmedizin. Meist begnügte man sich mit der lokalen Anwendung und Waschungen gegen die Larven selbst. Die prophylaktische und kausale Applikation, die den Anflug und die Eiablage verhindert, scheiterte jeweils an der leichten Abwaschbarkeit der Emulsionen, Puder und Waschmittelreste, die auf dem Haarkleide haften sollen.

Im *Dassipan* liegt nun eine salbenartige, fette Masse vor, die auf das Haarkleid aufgetragen dort 4—6 Wochen haftet und in der Dasselbekämpfung neue Aspekte erwarten läßt (Öst. Patent).

Antipruriginosa

Durch die Einführung der Antiallergica in Salbenform ergab sich für die Lokalbehandlung des Juckreizes ein neues Arbeitsgebiet. Ihre antipruriginöse Nebenwirkung schien eine erfolgreiche Bekämpfung des Juckreizes anzubahnen. J. Kwoczek[1] (Hautklinik Mannheim) hat in seinem Beitrag zur Lokalbehandlung des Juckreizes darauf hingewiesen, daß der genaue Wirkungsmechanismus noch ungeklärt ist und daß nach Stern das spezifische Ferment Di-Amino-Oxydase, welches zur Wirkung des Histamins im Körper notwendig ist, durch diese Stoffe blockiert wird.

Ferner wird an der Zellmembran der K +-Austritt gehemmt und dadurch eine Permeabilitätsherabsetzung und gesteigerte Capillarresistenz bewirkt (Fleckenstein u. Hardt[2]). Auf die weiteren Wirkungstheorien der Antiallergica kann im Rahmen dieses Buches nicht eingegangen werden, kurz erwähnt sei noch die im Tierversuch beobachtete Hemmung der Acetylcholinkontraktur, sowie die lokalanaesthetische Wirkung.

Als Grund für die Einführung dieser Gruppe in die Praxis stand die gute Juckstillung bestimmter Präparate im Vordergrund. Es blieb dabei von sekundärer Bedeutung, ob der Juckreiz eine besondere Empfindungsqualität der Haut darstellt, oder als unterschwelliger Schmerz im Sinne von Haas[3] und Brack[4] aufgefaßt werden muß.

Es ist jedenfalls anzunehmen, daß das Histamin allein nicht den Juckreiz verursacht, sondern noch andere, die sogenannten H-Substanzen dafür in Frage kommen.

Da die Verabfolgung der Antiallergica intern oder parenteral eine Belastung des Gesamtorganismus bedeutet und die sedativen Eigenschaften vielfach unerwünscht waren, erschien für die Lokalbehandlung in Salbenform eine besondere Berechtigung vorzuliegen. So wurde von Kallós u. Deffner[5] die *Thephorinsalbe* bei juckenden allergischen Dermatosen und von Strauss bei Bienenstichen empfohlen. Grütz u.

---

[1] Kwoczek, J.: Hautarzt 11, 506 (1951).
[2] Fleckenstein, A., u. K. Hardt: Klin. Wschr. 1949, 360.
[3] Haas, H. Th.: Klin. Wschr. 1947, 353.
[4] Brack, W.: Schweiz. med. Wschr. 1946, 316.
[5] Kallós u. Deffner: Progress in Allergy III. Basel: Karger 1952.

VELTMANN[1] sahen schnelle Abheilung bei Neurodermitis flexurarum und Primeldermatitis nach *Antistin-Salbe*.

FEINBERG u. BERNSTEIN[2] gaben die juckstillende Wirkung nach *Pyribenzamin-Salbe* an, deren Wert soll aber sonst zweifelhaft sein. BRETT[3] sah gelegentlich bei lokaler Applikation des Pyribenzamin Gewebsreizungen. SCHREUS weist auf die chemische Ähnlichkeit der Verbindung hin, sie steht dem Marphanil nahe, das als Allergen bekannt ist.

Pyribenzamin liegt andererseits in Verbindung mit der Invertseife *Bradosol* im bewährten *Bradex* der Ciba vor. Die wasserlösliche Salbengrundlage gewährleiste eine günstige Wirkung bei parasitären, pruriginösen Dermatosen, bei denen es INDERBITZIN[4] verwendet hat. Ähnlich wirkte das *Myxal*, ein Alkyltriphenylphosphoniumbromid, das in Verdünnungen von 1:5000 einen zufriedenstellenden antiseptischen Effekt bewirkte, ohne Wunden und umgebende Haut zu beeinflussen (FARGEL[5]).

Einen Fortschritt bedeutet die Einführung des 10% Crotonyl-N-äthyl-o-toloidin, das als *Eurax* zunächst als Antiscabiosum von DOMENJOZ[6] eingeführt wurde und in seiner bakteriostatischen Wirkung auf Staphylo- und Streptokokken dem *Rivanol* um etwa das 5 fache überlegen ist. Sehr günstig wirkte sich die besonders gute Verträglichkeit des Eurax aus, das bei 100 Hautgesunden nur 4 mal ein umschriebenes Erythem zeigte (COUPERUS[7]). Dieser Autor konnte ano-genital-Pruritus, Neurodermitis, Lichen ruber und Mykosis fungoides gut beeinflussen. Diese Versuche wurden von anderen Autoren bestätigt und KWOCZEK sah beim Eurax bei allen Versuchspersonen eine recht gute Wirkung gegen Histaminjuckreiz. Auch die *Avil-Salbe* zeigte einen guten antipruriginösen Effekt, während die Eurax-Synopensalbe etwas schwächer wirkte und die *Synopensalbe* allein gegen andere Salben abfiel. KWOCZEK[8] faßt seine umfassenden Untersuchungen dahingehend zusammen, daß das Synopen und Avil in Salbenform die geprüften Gefühlsqualitäten, besonders Wärme- und Kitzelempfindung deutlich herabgesetzt. Eurax verändert diese Gefühlsqualitäten nicht, während Eurax und Synopen nur geringe lokalanaesthetische Eigenschaften entfalten, also den Juckreiz selektiv mindert, ohne die anderen Empfindungsqualitäten der Haut wesentlich zu beeinflussen. Die Kombination von Eurax und Synopen wird vereinzelt stärker wirksam als Eurax empfunden, wobei wohl ein aditiver Effekt mitspricht.

In einem Übersichtsreferat von BORELLI u. SCHOTT[9] weisen die Autoren auf die Unzahl der verwendeten Salben hin. Wir verzichten hier, auf die

---

[1] GRÜTZ, O., u. G. VELTMANN: Hautarzt 1, 5, 200 (1950).
[2] FEINBERG u. BERNSTEIN: Zbl. Hautkrkh. 78, 340 (1952).
[3] BRETT, R.: Hausarzt 1, 2 (1950).
[4] INDERBITZIN: Ärztl. Prax. 36, 753 (1953).
[5] FARGEL: Die Medizinische 2, 57 (1953).
[6] DOMENJOZ, R.: Schweiz. med. Wschr. 1946, 1210.
[7] COUPERUS, M.: Prensa Mèd. Argent. 36, 44, 2277 (1949).
[8] KWOCZEK, J.: Hautarzt 11, 506 (1951).
[9] BORELLI, S., u. SCHOTT: Hautarzt 10, 5, 9, 385 (1954).

Arbeiten über Zusätze von Vitaminen und Hormonen einzugehen und führen nur weitere Produkte mit juckreizhemmendem Effekt an.

Auf demselben Wirkstoff wie Eurax, auf 10%iges Äthyl-tolyl-äthyliden-acetamid beruht das *Prurigens* (Stockhausen) in einer fettfreien Salbengrundlage, die aus Octadecylalkohol, Polyäthylenoxyd und Wasser (pH 5) besteht. Auf dem bakteriostatischen Effekt des Wirkstoffes wurde bereits 1945 in der amerikanischen Patentliteratur von BRITTON, POLEMANN und SCHROEDER hingewiesen, KLÖVEKORN[1] hatte schon auf die juckreizstillende Wirkung aufmerksam gemacht. Wir konnten dies zwar bestätigen, sahen aber doch gelegentlich Reizungen.

Zur Behandlung des Pruritus ani wurden *aminosäurehaltige Salben* von BODKIN u. FERGUSON[2] empfohlen, die unter 100 Fällen in 80% einen vollen Erfolg buchten, wobei sie Polyäthylenglykole als Salbengrundlage benutzten. Ferner wurden Substanzen aus der Reihe der Alkyl-Polyäthylenoxydäther von LÜTZENKIRCHEN[3], SCHULTZ[4] und SCHOOG[5], BLASIUS[6], GEIMER[7] u. a. beschrieben, die sich mit *Thesit* befaßten. Auch mit diesem Stoff sahen wir gelegentlich Hautirritationen, obwohl er im Gegensatz zu anderen Antihistaminkörpern nicht stickstoffhaltig und ionogen ist und deshalb keine Sensibilisierungen hervorrufen soll.

Als lokales Antipruriginosum wird von BORY[8] und MASSANGOUY ein 10—20%iges Pulvergemisch von Schwefel *Disulfodibenzol* genannt. Auf die Anführung der altbekannten Steinkohlenteerderivate wird hier verzichtet.

Anschließend seien einige Präparate genannt, die zur Lokalbehandlung des *Anogenitalpruritus* empfohlen wurden: *Quotane* (Dimethyl-Amino-Äthoxyd-Butyl-Isochinolin-Monohydrochlorid) wird als 0,5%ige Salbe (Ol/Wa-Emulsion) verwandt. Die Toxicität übertrifft die des Pantocains. 60% Erfolge wurden erzielt (LYNCH[9]).

Das *Soventol-Gelee* von Knoll/Ludwigshafen besteht aus 2% Solventol, einem Antihistaminicum, Methylcellulose, Wasser, Glycerin und einem Konservierungsmittel und hat sich bei Sonnenbrand gut bewährt (KRÜGER[10]). DUSKE[11] verwendet es bei verschiedenen Hautkrankheiten und MEYER-RHON[12] gab es lokal, um den Juckreiz zu stillen.

TURELL[13] empfiehlt das antihistaminähnliche *Trimeton*, 1—3% in Salbe.

[1] KLÖVEKORN, G. H.: Die Medizinische **41**, 1299 (1952).

[2] BODKIN u. FERGUSON: Ref. Zbl. Hautkrkh. **78**, 296 (1952).

[3] LÜTZENKIRCHEN: Med. Klin. **1954**, 1038—1043.

[4] SCHULZ, K. H.: Dermat. Wschr. **1952**, 657.

[5] SCHOOG, M.: Dermat. Wschr. **1951**, 124.

[6] BLASIUS: Klin. Wschr. **1952**, 905—906.

[7] GEIMER, R.: Hautarzt **2**, 319 (1951).

[8] BORY, L.: Soc. franç. Dermatol. et Syphiligr. **1951**, 265. — Ref. Zbl. Hautkrkh. **79**, 205 (1952).

[9] LYNCH, F. W.: Arch. of Dermat. **56**, 35 (1952). — Ref. Dermat. Wschr. **1952**, 647.

[10] KRÜGER: Ärztl. Wschr. **1953**, 748.

[11] DUSKE: Med. Klin. **1953**, 1216.

[12] MEYER-RHON: Dtsch. med. Wschr. **1953**, 221.

[13] TURELL, R.: N. Y. State J. Med. **51**, 1408 (1951).

CODECA[1] verwendet in Italien die Antihistaminsalbe „*Panta*", ein Derivat des Dimethyl-Äthylen-Diamin-Citrats und bezeichnet die antipruriginöse Wirkung als gut. AYERS[2] behandelte 100 Neurodermitisfälle mit einer 1%igen fettfreien Chlorcycline-Hydrochlorid-Salbe und fand neben zum Teil schlechter lokaler Verträglichkeit bei Kontaktdermatitiden sonst eine gute Juckreizstillung.

Über die 1%ige *Atosil* (Bayer) und die 1,5%ige *Cosantin-Salbe* (Casella) veröffentlicht POLEMANN[3]. Neben guter Rückbildung von Mykosen wurde auch eine gute Juckreizlinderung beobachtet. Das Atosil zeigte im Kulturversuch gegenüber Trichophyten und Empdermophyten, sowie Mikrosporon gypseum noch in Verdünnung von 1:100000 gute fungizide Wirkung. NEFF[4] berichtet über *Xylocain*, Diäthyl-Amino-Trimethyl-Acetanilid in 0,5—2%iger Lösung, das ohne Reizwirkungen gut anaesthetisch wirkte. GRAUBARD[5] stellte vergleichende Untersuchungen über die lokalanaesthetische Wirkung u. a. von Naphthol-Säureester und Bonacain-Bitartrat in Form einer 1%igen Lösung an. Die anaesthetische Wirkung war besser als die von Procain-Hydrochlorid.

Pragman (Albert, Wiesbaden) enthält 1% eines Antihistaminicums und wird bei Insektenstichen, Allergien und bei Pilzerkrankungen empfohlen. Er liegt in Geleeform vor.

Benadryl (Diphenylhydramin hydrochlorid) verminderte oder hob nach MCGAVACK[6] den Histaminreiz (Rötung und Quaddelbildung) auf. Es wurde in Konzentrationen von 2—5% in Öl in Wasser-Emulsionen auf Monoglyceridbasis verwendet. Als Nebenerscheinung trat nur in einem Falle kurzdauerndes Brennen auf.

Ferner ist als Antiallergicum die *Hibernon-Salbe* der Diwag A.G. zu nennen, die in 2 Formen mit fetthaltiger und fettfreier Salbengrundlage hergestellt wird. Sie enthält 2% p-Brombencyl-a-pyridil-dimethylaminoäthylamin.

Desinfizierende Salben

Die Beurteilung der desinfizierenden Salben ist trotz zahlreicher Sulfonamide und Antibiotica nicht uninteressanter geworden. Bei dieser Gruppe von Präparaten tritt die Bedeutung der richtig ausgewählten Salbengrundlage und zweckentsprechender Testung besonders hervor. Man muß die verschiedensten Grundlagen als Vehikel im Laboratorium und am Patienten durchführen und prüfen. Als Resultat ergeben sich dann folgende Richtlinien.

1. Die Verarbeitung eines Arzneistoffes in Salben soll, wo immer möglich, als Lösung erfolgen. Die bakteriostatische Wirkung der als

[1] CODECA, M.: Arch. ital. Dermat. **25**, 1 (1952).
[2] AYERS, S.: III. Arch. of Dermat. **64**, 207 (1951).
[3] POLEMANN, G.: Arzneimittel-Forsch. **5**, 211 (1951).
[4] NEFF, G.: Schweiz. med. Wschr. **1950**, 10.
[5] GRAUBARD, J. D.: N. Y. State J. Med. **15**, 1910 (1952).
[6] MCGAVACK: Arch. of. Dermat. **57**, 3 (1949).

Öl/Wa-Emulsion verarbeiteten wäßrigen Lösung war erheblich besser als diejenige der Suspensionssalbe. Als Test ist die Überschichtungsmethode empfehlenswert.

2. Die Verarbeitung des wassergelösten Wirkstoffes in Form einer Öl/Wa-Emulsion ist der Verarbeitung als Wa/Öl-Emulsion überlegen. Die Herstellung von Öl/Wa-Salben gewinnt neben den Polyäthylenoxydsalben somit an Interesse.

3. Ein Zusatz von Wasser als Wa/Öl-Emulsion zu einer Suspensionssalbe bedingt eine Wirkungssteigerung. Es empfiehlt sich auf Grund dieser Beobachtung, auch ausgesprochenen Suspensionssalben Wasser zuzufügen (BÜCHI u. SCHLUMPF).

Im Laboratorium haben sich Versuche an Agarplatten, die wir bereits eingehend schilderten, bewährt. OSTER u. GOLDEN[1], wie auch GOLDEN u. OSTER[2] haben damit gearbeitet.

CLARK u. DAVIS[3] haben die Aufstreichmethode abgewandelt und bestreichen Cellophanplättchen mit der Salbe. Das Desinfiziens diffundiert durch das Plättchen in eine darunterliegende Agargallerte. Die Tiefe des sterilen Hofes und nicht dessen Durchmesser werden gemessen. BOUCHARDY u. MIRIMANOFF[4] arbeiteten gleichfalls nach dieser Methode und haben geprüft, inwieweit oberflächenaktive Mittel in der Lage seien, die Desinfektionswirkung zu verstärken. Als Desinfizientien dienten Chlorphenole und Oxychinolinsulfat. Als anionaktiver Emulgator wurde Laurylsulfat, als nicht ionaktives polyäthylenoxyd — Sorbitanmonooleat zur Anwendung gebracht. Die Salbengrundlage war eine Cetylalkohol-Vaselin-Wassermischung. Das nicht ionenaktive Mittel verminderte die Desinfektionskraft. Die Beifügung des Sulfates hingegen verbesserte sie. Man muß also den Emulgator bei der Kombination derartiger Salben sehr wohl berücksichtigen.

Zu ähnlichen, oben bereits skizzierten Resultaten kamen BÜCHI u. SCHLUMPF[5], die mit der gewöhnlichen Agarplattenmethode arbeiteten und Phenylquecksilberacetat als Testsubstanz wählten.

FREUDWEILER[6] hat in umfassender Weise Versuche mit Phenylquecksilbernitrat angestellt und im Agarplattenversuch folgende Steigerung der Wirkung des Desinfiziens festgestellt:

Am schwächsten war Vaselin, dann folgten Vaselin-Lanolin aa, Carbowax 1500 und Carbowaxsalbe mit 25% Wasser als wirksamstes Medium.

TROLLE-LASSEN[7] hat das als Desinfiziens sehr wirksame Chloramphenicol in verschiedene Salben eingearbeitet und die Abgabe in vivo und in vitro geprüft. Bei letzteren Versuchen wurde die Salbe in ein mit einer

---

[1] OSTER and GOLDEN: J. Amer. pharmaceut. Assoc., Sci. Ed. **36**, 283 (1947).
[2] GOLDEN and OSTER: J. Amer. pharmaceut. Assoc., Sci. Ed. **39**, 46 (1950).
[3] CLARK and DAVIS: J. Pharmacol. a. Exper. Ther. **1**, 521 (1949).
[4] BOUCHARDY u. MIRIMANOFF: Pharm. Acta Helvet. **26**, 3 (1951).
[5] BÜCHI u. SCHLUMPF: Pharm. Acta Helvet. **19**, 6 (1944).
[6] FREUDWEILER: Festschr. P. CASPARIS, S. 77, 1949.
[7] TROLLE-LASSEN: Arch. for Pharm. og Chem. **59**, 243 (1953).

Cellophanmembran abgeschlossenes Röhrchen gepreßt und die Abgabe in Wasser geprüft.

Im Tierversuch wurden die Salben subcutan in den Schulterbezirk eingeführt und die Blutkonzentration als Maßstab verwendet.

Salben mit einer wäßrigen Außenphase geben, nach diesen wenig überzeugenden Versuchen, das Desinfektionsmittel am besten ab, man sieht also, daß es möglich ist, mit ungeeigneten Versuchen doch das richtige Resultat zu beweisen.

FRANK u. STARK[1] stellten fest, daß wasserunlösliche Medikamente, wie weißes Präcipitat, Sulfanilamid und Noviform in wassermischbaren Salbengrundlagen besser wirken als in wasserunlöslichen. Vioform zeigt in beiden Typen dieselbe Wirkung. Dermatol und Xeroform wirken lokal lediglich durch Absorption und sollten daher *nur* in Puderform Verwendung finden.

Einen Abschnitt für sich bilden die *kationaktiven Desinfizientien* vom Typ des Zephirols, die gleichzeitig Emulgatoren darstellen. Eine der bekanntesten Substanzen ist das Cetyltrimethylammoniumbromid (Cetrimid, Cetavlon). Es ist der Emulgator und Wirkstoff der in England bekannten Glasgow Creme Nr. 9:

```
Rp.: Cetyltrimethylammoniumbromid .    1,0
     Sulfanilamid . . . . . . . . . .   3,0
     Wollfett  . . . . . . . . . . .    1,8
     Bienenwachs . . . . . . . . . .    1,8
     Ricinusöl . . . . . . . . . . .   25,0
     Cetylalkohol . . . . . . . . .     5,0
     Glycerin  . . . . . . . . . .     10,0
     Aqua dest. . . . . . . . . . .    52,4
```

Weitere, gleichfalls bei SPALTON[2] bzw. CHRISTENSON u. SHELTON[3] angeführte Rezepte lauten:

```
Rp.: Cetyltrimethylammoniumbromid .    0,16
     Pektin . . . . . . . . . . .       1,0
     Wollfett . . . . . . . . . .       1,0
     Paraffin flüssig  . . . . . .     12,0
     Borsäure . . . . . . . . . .       2,0
     Parfum . . . . . . . . . . .       p. s.
     Aqua dest. . . . . . . . to      100,0
```

```
Rp.: Cetyltrimethylammoniumbromid .    1,0
     Lanettewachs SX  . . . . . .      10,0
     Paraffin flüssig  . . . . . .      8,0
     Paraffin fest . . . . . . . .     15,0
     Wasser . . . . . . . . . to      100,0
```

Beachtet muß werden, daß die kationaktiven Desinfizientien durch Beigabe von anionaktiven unwirksam werden. Das dritte Rezept ist uns daher völlig unverständlich.

[1] FRANK u. STARK: Pharm. Acta Helvet. **29**, 283 (1954).
[2] SPALTON: Pharm. Emulsions, London 1953.
[3] CHRISTENSON and SHELTON: Amer. J. Pharmacy **37**, 354 (1948).

Infolge ihres guten Lösungsvermögens können auch Polyäthylenglykole als Basis für Sulfonamidsalben verwendet werden. SIEGLER[1] empfiehlt folgende Vorschrift:

> **Rp.:** Sulfathiazol 3,0
> Acid. lactic. 3,0
> Acid. acet. 1,0
> Na-tetradecylsulfuricum 0,1
> Polyäthylenglykol . . . . . ad 100,0

Ein Spezialpräparat auf Phenolbasis stellt das *Cryptophien*-Gelee (Roß, Hamburg) dar. Nach JENSSEN u. MÖLLER[2] soll hier die Reizwirkung ausgeschaltet sein. Das Präparat enthält 1,95% Phenol, 0,5% Kresol in einem campherhaltigen „Carbamidkomplex".

VOHWINKEL[3] wollte mit 50%igem *Carbolglycerin* die besten Resultate bei Pruritus ani erzielt haben und hoffte mit zwei Publikationen das Phenol der Vergessenheit zu entreißen. Man pinselt mit der Lösung und wischt den Überschuß nach 1 min ab. Nachbehandelt wird mit 5—10%iger Mischung, deren Konzentration bei großflächiger Anwendung auf 1—2% herabgesetzt wird.

5 Nitro-2-Furaldehydsemicarbazon hat sich unter dem Namen *Furazin solubile* als gut wirksames hitzebeständiges Chemotherapeuticum bewährt. Es wird aus den Pentosen der Haferhüllen und Kleie gewonnen. Nach SHIPLEY u. DODD[4] sowie JOHNSON[5] regt es Granulation und Epithelisierung an und verursacht bei gleichen Indikationen weniger Nebenwirkungen als Sulfonamid und Tyrothricin. Es wird 1%ig in Paraffincarbowaxsalben bei infektiösen Affekten der Haut verwendet. *Furazinsalbe* (C. F. Boehringer & Söhne), 2% in Polyglykol hat sich dem einen von uns bei Pyodermien gut bewährt.

J. URIACH u. A. BOLEDA[6] haben an Hand umfangreicher Versuche festgestellt, daß *Nitrofurazon* aus Polyäthylenglykolsalben weitaus am besten zur Wirkung kommt. Zusätze von Propylenglykol erhöhen die Wirkung aus fetten Salben.

*Hexamethylentetramin*salben (1—2%ig) bleiben autosteril, der Wirkstoff dient hier also weniger als Therapeuticum, denn als Ersatz für die sterilhaltenden Nipaginzusätze (HENNIG[7]).

Ein stickstofffreies Präparat mit gleichzeitig oberflächenanaesthetischer Wirkung ist das *Thesit* (Desitin-Werk), es ist ein Polyäthylenoxydäther des Dodecylalkohols und wird bei schmerzhaften Wunden, Verbrennungen und Schleimhautaffektionen als Analgeticum empfohlen (SCHULZ[8]).

Hifusol (Robert Krause, Chem. Fabrik, Mannheim) in Lösung und Tablettenform hat sich als vaginales Antisepticum und Desinfiziens besonders gegen Trichomonaden bewährt. Es enthält Oxychinolinsulfat,

[1] SIEGLER: Chem. Zbl. 2, 11/12, 535 (1947).
[2] JENSSEN u. MÖLLER: Neue med. Welt 1950, 237.
[3] VOHWINKEL: Ther. Gegenw. 1948, 115. — Med. Klin. 1948, 488.
[4] SHISPLEY and DODD: Surg. etc. 84 (1947).
[5] JOHNSON: Arch. of Dermat. 57, 348 (1948).
[6] URIACH, J., u. A. BOLEDA: Galenica Acta 7, 280 (1954).
[7] HENNIG: Pharmazie 6, 10, 525 (1951).
[8] SCHULZ, K. H.: Dermat. Wschr. 1952, 657.

Hexamethylentetramin, Borsäure, Magn., Peroxydat und Natrium percarbonat, ein altes Mittel im neuen Kleid.

In ähnlicher Zusammensetzung wird das Präparat *Panaritin* (Robert Krause, Chem. Fabrik, Mannheim) als 2%ige Lösung für Umschläge und Waschungen bei Furunkeln, Panaritium, Paronychie, Abscessen und Ulcus cruris empfohlen.

Chloramin als Desinfiziens bei Hautinfektionen enthält *Chlortesin* (Dr. Atzinger & Co.) mit 40% Ol. jec. Aselli, Dextrose und Hamamelisextrakt.

Chlorierte Kohlenwasserstoffe, die chemisch dem DDT nahestehen, aber ein Desinfiziens darstellen, enthält die *Antipyodermsalbe*[1] von BORCHERS, die MARQUARDT[2] empfiehlt. Die Indikationen gehen aus dem Namen hervor.

Hyosan (Raschig) ist ein höher chloriertes Oxybenzylphenol, das in Lösung, Puder und Salbenform gegen Mykosen und Pyodermien empfohlen wird.

Chlorisept (Riedel de Haen) enthält Chloroxychinolin, Salicylsäure und Benzoesäure. Die beiden letzten Präparate wurden auch als Antimykotica aufgeführt.

Salben mit Alkaloiden und Glykosiden

Auf diesem Gebiet ist von Versuchen mit *Colchicinsalben* zu berichten. HEEP[3] hat bei Haut- und anderen Carcinomen eine 0,4%ige Salbe angewandt. Wenn auch äußerlich Heilung eintrat, so ergab die Prüfung des Narbengewebes im Schnitt noch deutliche Carcinomnester. NEUGEBAUER[4] verwendete 1—10%ige Colchicinsalben bei einem nicht vollständig operablen Oberkiefercarcinom. Er brachte die Salbe auf Mullstreifen in die Wundhöhle ein und erzielte 1 Jahr lang Rezidivfreiheit. Die Beobachtungszeit von einem Jahre liegt auch einer bejahenden Arbeit von EICHLER[5] zu Grunde.

1%ige Colchicinlösung in Chloroform bewährt sich nach HARTMANN[6] zum Betupfen von Warzen und Feigwarzen. Die schmerzlose Behandlung entfernt das Gewebe ohne Versager.

Colcemid enthält das Alkaloid Demecolcin aus der Herbstzeitlose. Im Handel sind Tabletten und Ampullen mit je 1 mg Demecolcin sowie eine 1%ige Salbe. Das Präparat soll vor allem zur Behandlung von myeloischen Leukämien, Präcancerosen und Cancerosen der Haut dienen. Versuchsindikationen sind lymphatische Leukämien, Lymphosarkom und Lymphogranulom. Hersteller ist die Ciba AG.

Ähnlich wie die Alkaloide kann man nach GISS[7] 0,033 g *Barbitursäure* in 10 Tr. Wasser aufnehmen, in eine Salbengrundlage einarbeiten, man

---

[1] SCHMIDT-LA BAUME u. BROCKMÜLLER: Hautarzt **5**, 5 (1954).
[2] MARQUARDT: Zbl. Hautkrkh. **3**, 526 (1947).
[3] HEEP: Dtsch. med. Wschr. 1949, 31/32.
[4] NEUGEBAUER: Zbl. org. Chir. **113**, 3/4, 111 (1949)
[5] EICHLER: Dtsch. Gesundheitswesen **2** (1947).
[6] HARTMANN: Hautarzt **2**, 422 (1951).
[7] GISS: Med. Klin. 1952, 947. — Med. Mschr. **2**, 28 (1953).

erhält — nach Angabe des Verfassers — auf diese Weise ein percutan wirksames Schlafmittel?!

Die *Digitalisbehandlung* von Wunden hat in neuerer Zeit wieder verstärktes Interesse gefunden. BELZ[1] verwendet 1:10 verdünntes Digilanid bei Wunden, Verbrennungen, Ulcera und beobachtet eine schnelle Reinigung und Granulationsbildung. In Österreich sind auf Grund der Erfahrungen von BARON, die wir schon berichteten, Digitalissalben im Handel.

Unter dem Namen *Pervar* bringt die Curta Salben, Puder und Schüttelmixturen heraus. Sie enthalten neben Vitaminen und Antibioticis als Wirkstoff *Sparteinsulfat* und dienen nach Arbeiten von ZAUBITZER[2] und THIES[3] zur lokalen Behandlung des varicösen Symptomenkomplexes. Aus dem Transpulminbalsam wird Chininbase resorbiert (NEUMANN[4]).

Augensalben

FRIEDE[5] hat sich verschiedentlich mit Augensalben beschäftigt. Ihm zufolge ist es unrichtig, Fettsalben, also Fette, deren schlechte Mischbarkeit mit dem wäßrigen Milieu des Auges bekannt ist, damit in Kontakt zu bringen. Die ungleichmäßige Abgabe begünstigt das Entstehen von Salbennestern, die mehr reizen als heilen. Dies gilt vorwiegend von Paraffinkohlenwasserstoffen, wogegen Glyceridfette an sich schon reizen.

Von den Wa/Öl-Salben hat sich das reizlose Eucerin besser eingebürgert als Wollfett. Alle Salben dieser Gruppe sind jedoch nicht universell brauchbar und ungleichmäßig wirksam. Carbowaxe sind unbrauchbar, daher schlägt FRIEDE eine neue Richtung in der Therapie vor. Er empfiehlt synthetische Schleime als Grundlagen für Augensalben einzuführen. Er hat 1 Teil Tylose SL 400 mit 24 Teilen Wasser, bzw. 25 Teilen Wasser mit 1 Teil Tylose SL 25 verarbeitet und enthält so Schleime, die als Grundlagen für Augensalben besonders angezeigt sind. In weiterem berichtet er von guten Erfahrungen mit der *Dextrocidsalbe* der Maizenawerke, Hamburg. Sie besteht aus einem Gemisch aus nur wasserlöslichen und nur quellbaren Kohlenhydraten und veresterten und verätherten Kohlenhydraten (Tylose?).

. KEDVESSY[6] hat zwei neue Grundlagen nach den älteren Gesichtspunkten der Therapie ausgearbeitet, die als Augensalben sich gut bewährt haben sollen.

Es sind dies:

1. Cholesterin	2,0	2. Cetylalkohol	4,0
Adeps lanae	10,0	Adeps lanae	6,0
Ungt. Paraffini	48,0	Ungt. Paraffini	90,0
Aqua dest.	40,0	Nipagin	0,1
Nipagin	0,1		

[1] BELZ: Med. Klin. **1950**, 235.
[2] ZAUBITZER: Ärztl. Prax. 18 (1951); 16 (1953).
[3] THIES: Ärztl. Wschr. **1952**, 30.
[4] NEUMANN: Die Medizinische **39**, 1312 (1954).
[5] FRIEDE: Schweiz. Apoth.-Ztg. 89, 769 (1951). — Österr. Apoth.-Ztg. 5, 35/36, (1951).
[6] KEDVESSY, C.: Gyògszerèsz 7, 89 (1952).

Ungt. Paraffini besteht aus 1 Teil Ceresin und 6 Teilen Paraffin.

Über Augensalbengrundlagen findet sich von K. MÜNZEL[1] noch eine weitere Übersicht über die experimentelle Prüfung an Kaninchen, sowie über klinische Versuche. Es ergab sich, daß eine gute mechanische Schutzwirkung und für gewisse Medikamente eine Depotwirkung mit einer Mischung von 80% Vaseline und 20% Paraffinöl erreicht wurde. Diese Grundlage ist als am verträglichsten anzusehen. Falls Medikamente in Wasser gelöst eingearbeitet werden sollen, kann 5% Cetylalkohol oder 0,5% Glycerinmonoooleat (Monoolein) verwendet werden. Die gebräuchlichsten Öl/Wa-Emulgatoren (Natriumlaurylsulfat, Tween 80) sind wegen ihrer Reizwirkung ungeeignet. Zudem wird bei lanettewachshaltigen Augensalben ein unerwünschter milchglasartiger Schleier beobachtet, der sich längere Zeit hielt. Schleimsalben, z. B. Cellulosederivate, verbleiben zu kurze Zeit im Bindehautsack.

Diese Übersicht deckt sich mit den Ergebnissen von KANAWATI u. MIRIMANOFF[2].

In letzter Zeit wurde von ophthalmologischer Seite auf die Notwendigkeit der Keimfreiheit der Augensalben hingewiesen, da sich bei bakteriologischen Untersuchungen im Handel befindlicher Augensalben häufig Bakterien oder Pilzsporen nachweisen ließen.

Salben-Applikation

Eine Neuerung auf dem Gebiete der Salbenapplikation stellt der Salbenfilmer nach NEUMANN[3] dar. Es handelt sich um ein Mundstück, das auf jede Tube aufgeschraubt werden kann und die Salbe auf Mull oder Wunden flach aufstreicht.

Über die Salbenmulle, die KLEINE-NATROP ausarbeitete, berichten wir an anderer Stelle.

Sterilisation. MÜNZEL[4] hat ein Merkblatt zur Frage der Sterilisation von Tuben ausgearbeitet. Er verweist darauf, daß nur hitzebeständige Lacke verwendet werden dürfen. Die Tuben sind je nach Anforderung feucht oder trocken zu sterilisieren. Die Kunststoffdeckel werden getrennt, durch Bestrahlung mit UV-Licht keimfrei gemacht.

Salbenlappen

KLEINE-NATROP[5] hat die Salbenlappen der Dermatologie und insbesondere der Chirurgie neuerlich empfohlen. Salbenlappen werden hergestellt, indem man einen festgewebten Leinenfleck oder ein Stück Lint, auch Baumwolle, messerrückendick mit Salbe bestreicht. Durch Kombination mit geeigneten Binden entsteht daraus nach Auflegen auf die Wunde der Salbenverband. Er hat eine erhebliche Tiefenwirkung, schließt

---

[1] MÜNZEL: J. Suisse Pharm. **1**, 1 (1955).
[2] KANAWATI u. MIRIMANOFF: Schweiz. Apoth.-Ztg. **91**, 765, 781 (1953).
[3] NEUMANN: DAP **94**, 37, 892 (1954).
[6] MÜNZEL: Schweiz. Apoth.-Ztg. **91**, 273 (1953).
[5] KLEINE-NATROP: Fette u. Seifen **55**, 12 (1953).

luftdicht ab, ist für Wasser und Wundsekrete undurchlässig und wirkt erwärmend. Er hat sich auch in der modernen Brandwundenbehandlung seinen Platz behalten. Im allgemeinen gehört zur Therapie mit Salbenlappen und Verband ein täglich mindestens einmaliger Wechsel.

KLEINE-NATROP hat auch mit Salbentüllen gearbeitet. Nach den Anweisungen von FISHER[1] läßt sich diese Arzneiform mit dem entsprechenden technischen Rüstzeug selbst herstellen. Nach BINGHAM[2] kann man hierfür auch Nylongaze verwenden, derartige präparierte Stoffe sind dem selbst imprägnierten Salbentüll vorzuziehen. Von den konfektionierten Salbentüllen sei der Nonad *Penicillintüll* der Firma Allen & Hanbury, London erwähnt. Er wird aus einer Gaze mit 2 mm weiten Maschen angefertigt. Jeder Quadratzentimeter Tüll enthält etwa 65 i E Penicillin. Die ·Imprägnierungskomposition besteht aus 0,9 g gelber Vaseline und 0,1 g Lanolin und 1000 Einheiten Penicillincalcium pro Gramm. Durch die Verwendung von Salbentüll kann man feuchte Umschläge und trockene Behandlung, darüber hinaus aber auch Wärmeanwendung kombinieren. Zum Unterschied vom Salbenlappen kann der Tüll lange Zeit auf der Wunde belassen werden. Es empfiehlt sich deshalb, die Anwendung dieser Medikation zur Nachbehandlung der plastischen, chirurgischen Eingriffe.

Schnellverbände

sind Kombinationen von Collemplastren mit Mull, der gegebenenfalls mit bakterienhemmenden Stoffen bestäubt oder imprägniert sind.

Aseptorid (Marbadal-Vulnoplast Bayer): 10% Marbadalkompresse mit stark aufsaugender Zellstoffeinlage in Pflasterverbandformen (BREMER[3]). Indikationen: alle Arten von infizierten Hautverletzungen, Pyodermien, Wunddiphtherie, Unterschenkelgeschwüren, Erfrierungen und Verbrennungen, ferner als aseptischer Operationswundenverband.

Zinkmull-Hartmann (Paul Hartmann AG.) ist ein mit metallischem Zink imprägnierter Mull zur Behandlung von Dyshidrosen, Ulcera cruris und infizierten Wunden.

Tesa-Film (Beiersdorf) ist kein Therapeuticum, kann aber als Diagnosticum (SZAKALL[4]) verwendet werden. Wie eingehender an anderer Stelle besprochen, gelingt es damit, von der unbehaarten Haut eine Zellschicht des Stratum desquammosum abzuheben. Es verbleibt ein dünnes Häutchen, mit dem Untersuchungen angestellt werden können.

Grenzfälle — Kuriositäten

Leider liefern hier sowohl einige pharmazeutische Firmen, wie auch kosmetische Betriebe Ergötzliches und besinnlich Stimmendes.

Was soll man sich denn denken, wenn ein „Fachmann", wir wollen ihn doch nicht Apotheker, Fabrikanten und auch nicht Chemiker nennen,

[1] FISHER, H. E.: J. Amer. Med. Assoc. **1946**, 939.
[2] BINGHAM: Arch. Surg. **52**, 610 (1946).
[3] BREMER: Ärztl. Prax. 5 (1952).
[4] SZAKALL: Arch. f. Dermat. **194**, 376 (1952).

einen Puder kombiniert, der aus Zinkoxyd, Perubalsam, Tannin, Phenol und als Basis „irreversibel" organische Hydroperoxyd ANM-Puder enthält. Was ist denn ein irreversibel organisches Hydroperoxyd? Wenn es wirklich irreversibel ist, so wirkt es doch nicht als Peroxyd. Dies mit dem ANM-Puder in einen Begriff zusammenzufassen, ist unsinnig.

Eine andere Firma stellt einen stabilisierten Kolloidkomplex von synthetischem Gerbstoff mit Antihistamin in besonders hautfreundlicher homogenisierter Emulsion dar. Nun gut, Gerbstoff und Antihistaminicum in einer homogenisierten Emulsion. Der „stabilisierte Kolloidkomplex" ist eine restlos verunglückte pseudowissenschaftliche Definition für Emulsion. Die Wirkstoffe stehen bei dieser Kombination abseits und sind nicht, wie der Fabrikant meint, kolloid stabilisiert. Länder, die keine staatliche Spezialitätenordnung besitzen, sollten auf eine Selbstkontrolle der Industrie Wert legen.

Auch in einer Publikation des Jahres 1955 wird uns noch, trotz unserer bereits 1939 erschienenen Kritik, mitgeteilt, daß die x x Salbe besonders wirksam sei, da sie den elektrischen Strom viel besser leite, als Paraffinkohlenwasserstoffe. Das ist doch blanker Unsinn. Wir sind doch keine Elektromotoren. Jeder Elektrolyt leitet in Lösung, wozu natürlich die Ol/Wa-Emulsionen gehören. Wollten wir die Konsequenzen ziehen, so wären Salzwasser und Schwefelsäure die wirksamsten Dermatologica.

In der Kosmetik haben wir mittlerweile den Chlorophyllrummel vorbeiziehen sehen. Chlorophyll ist ein sehr brauchbares Medikament mit ganz bestimmten Indikationen. Es ist auch ein Desodorierungsmittel, aber doch nicht gegen Bier- und Zigarettengeruch oder in der Wäsche und Seife wirkend.

Organextrakte verwendet auch die Dermatologie, Hautextrakte werden seit über 30 Jahren von der ernsten Kosmetik verarbeitet. Erinnert sei an *AMOR SKIN*, über dessen Wirkung insgesamt gegen 40 Publikationen erschienen sind. Die dezente Werbung dieser Firma kann den Apotheker und Dermatologen nur zum Freund machen.

Auch zahlreiche andere bedeutende kosmetische Firmen wie Richter, Berlin, werben vollständig einwandfrei, und man kann erwarten, daß die Versprechung der Annoncentexte im Rahmen des möglichen auch zutreffen.

In den zahlreichen illustrierten Wochenzeitungen, in denen eine Anzeigenseite bis zu 40 000 DM kostet, finden wir leider auch andere Angebote. Das schönste dürfte doch wohl eine Salbe sein, die Fermente enthält. Das Präparat wird auf Körperteile, die zu fett geraten sind, aufgetragen. Die Fermente dringen durch die Haut durch und bauen das Fett, streng lokal, ab. Streicht man die Salbe also auf zu fette Waden, so nehmen diese die normale Gestalt an, dasselbe ist an den Hüften, auf der Brust möglich.

Folgende Anzeige spricht für sich selbst: „Die schmerzstillende Salbe auf biologischer Basis wirkt durch ihre katalytische Aktivierung spezifisch auf das Schmerzzentrum und beseitigt Schmerz- und Schwellungszustände aller Art in kürzester Zeit."

Die Beispiele lassen sich mit den Erkenntnissen der Glatzen- und Moorforscher beliebig ergänzen. Durch ihre riesigen Anzeigenaufträge stellen sich derartige Firmen außerhalb jeder Kritik, und es wäre am Platze, hier eine Art Selbstkontrolle der Industrie einzuschalten (Czetsch-Lindenwald [1]).

Erwähnt sei zu guter Letzt noch das Bienenköniginnenfutter Gelee Royal, das zu den übelsten Blüten des Journalismus gehört. Es wirkt angeblich regenerativ und lebensverlängernd.

Salbenherstellung

Eine Universalmühle, in der man alle Salben bereiten kann, gibt es nicht und kann es nie geben. Je nach dem Präparat, das hergestellt werden soll, muß diese oder jene Maschine eingesetzt werden.

Eine Apotheke, im Großen eine pharmazeutische Fabrik, die alle Arten Salben und Pasten herstellen will, muß 3—4 Apparate besitzen:

1. Einen heiz- und kühlbaren Schmelzkessel mit Rührwerk.
2. Einen Kneter.
3. Eine Ein- oder Drei-Walzenmühle zur Homogenisierung von Wa/Öl-Emulsionen und Pasten.
4. Einen Homogenisator zur Herstellung oder Verfeinerung der Öl/Wa-Emulsionen.

1. Die einzelnen Apparate der ersten Gruppe seien kurz besprochen. Im Kleinen genügt als Schmelzkessel eine Patene, ein Pistill als Rührer. Zur Heizung dient ein Wasserbad oder, besonders empfehlenswert, ein Infrarotstrahler, der die Wärme von oben zuführt.

Für die Großherstellung sei ein Planetenrührwerk mit Schabevorrichtung erwähnt.

2. Pulver müssen bekanntlich zuerst mit wenig Öl angeteigt und dann portionsweise mit der Salbe verrieben werden. Im kleinsten Rahmen geschieht dies mit einem planen Pistill auf einer Glasplatte. Hier reibt eine Fläche, und nicht nur wie in der Reibschale ein Punkt. In einzelnen Fällen sind hochtourige Mixer verwendbar.

Im Großen bewähren sich auch hier Planetenmischer, sowie Systeme, in denen mehrere gegeneinander laufende Wellen mit Ausbuchtungen das Material zerreißen und mischen. Ein kleines Planetenmischwerk Liliput wird von Spangenberg herausgebracht.

3. Die Einwalzenmühlen zerreiben das bereits vorgefertigte Material zwischen einer sich drehenden Walze und einem Reibbalken.

Bei den Dreiwalzenwerken rotieren 3 Porzellan-, Stahl- oder Porphyr-walzen mit verschiedener Geschwindigkeit. Die feine Verreibung wird an zwei linienförmigen Berührungsflächen durchgeführt.

Die neueren Ein-, Zwei- und Dreiwalzenmaschinen besitzen zum Teil vollkommen geschlossene Bauform und sind mit Zweiganggetrieben oder stufenlos regelbaren Antriebsaggregaten ausgestattet.

---

[1] Czetsch-Lindenwald: J. Med. Kosm. 9, 309 (1955). — Dtsch. Apotheker-Ztg. 9, 28/29, 459 (1955).

Die zahlreichen Homogenisatoren, die uns die Technik zur Verfügung
stellt, sind großenteils sehr rasch laufende Maschinen, die zur Homogenisierung von flüssigen Emulsionen konstruiert wurden.

Es handelt sich:

1. schnell (8000 und mehr Touren) laufende Flügel- oder Schaufelräder
(Turmix, Starmix, Ika Ultra-Turrax). Sie sind zur Homogenisierung von
Salben nur in Ausnahmefällen brauchbar.

2. Schnellaufende, gezahnte Räder, die zwischen feststehenden Zähnen
wie bei einer Mühle rotieren. So gut hiermit flüssige Emulsionen bereitet
werden können, so wenig eignen sie sich zur Salbenhomogenisierung.

3. Emulgiergeräte, die die Emulsion um Ecken und Kanten pressen
und so zerkleinern (Motoremulgor der Fa. Gann, Stuttgart). Mit diesen
Apparaten können auch Salben homogenisiert werden. Ein Gerät dieser
Art kann auch auf den Stada-Apparat aufgeschraubt werden.

4. Korundmühlen sind hochtourige Mühlsteinmühlen, die Steine bestehen aus Korund und sind in verschiedener Rauhheit lieferbar. Auf
Grund des hohen Preises und der beschränkten Einsatzfähigkeit sind
diese Mühlen in der Salbenfabrikation nur selten anzutreffen.

In Amerika sind noch verschiedene andere Maschinen im Einsatz. Am
besten ist zweifellos ein Mischer, der im Vakuum arbeitet, so daß bei der
Verarbeitung keine Luft einemulgiert werden kann.

Die Versuche mit Ultraschall Emulsionssalben herzustellen, haben
lediglich theoretisches Interesse.

An neueren Apparaten für die Apotheke erscheinen uns die Ultrarotstrahler der Philips AG. und das Loeco Thermo-Pistill „Columbus" beachtenswert. Das Pistill besteht aus einem glasierten hohlen Hartporzellankörper mit Kunststoffgriff und eingebauter elektrischer Heizung.
Durch die milde Wärme des Pistills werden die Salbenkomponenten
geschmolzen.

Der Ultrarotstrahler sendet von oben herab, von einem Stativ aus,
Wärmestrahlen in die Patene und macht den Receptar vom Wasserbad
und Stromzuleitungskabel unabhängig. Er dürfte in dieser Richtung das
zweckmäßigste Gerät sein.

Die zahlreichen Mixer, die uns die Industrie zur Verfügung stellt, sind
vorwiegend zur Herstellung flüssiger Emulsionen geeignet. Über den
Beurteilungswert ihrer Einsatz- und Leistungsfähigkeit hat MÜNZEL[1]
Richtlinien veröffentlicht.

Puder und Pudergrundlagen

Allgemeine Konstanten

Um Puder nicht nur empirisch, sondern wissenschaftlich exakt ausarbeiten zu können, ist es notwendig, den Kennzahlen der Grundlagen
erhöhte Bedeutung zu widmen.

---

[1] MÜNZEL: Schweiz. Apoth.-Ztg. 88, 697 (1950); 90, 317 (1952).

Der Puderausschuß der Deutschen Gesellschaft für Fettforschung hat
sich dieses Themas angenommen, der Aufstellung von SCHMALFUSS zufolge sollten von einer Pudergrundlage folgende Konstanten bekannt sein:

Teilchengröße	Aufsaugevermögen
Spezifisches Gewicht	Adsorptionsvermögen
Schüttgewicht	Haftvermögen
Scheinbares Volumen	Deckfähigkeit
Sperrigkeit (Dispersität)	Weißgrad
Homogenitätsgrad	Wärmeleitfähigkeit
Normpreßgewicht	Gleitfähigkeit
Spezifische Oberfläche	Verstäubungsneigung
Innere Oberfläche	p_H-Wert der wasserlöslichen
Äußere Oberfläche	Anteile
Keimfreiheit	Fettlösliches
Reizlosigkeit	Beeinflussung der Hauttemperatur
Abgabe von Arzneistoffen	Inkompatibilität mit Arzneistoffen

Einige dieser Kennzahlen (Weißgrad, Normpreßgewicht) interessieren
vorwiegend den Kosmetiker. Andere wurden bereits von uns ausführlich
behandelt, und es kamen in den letzten Jahren keine neuen Gesichtspunkte hinzu. Die Besprechung der einzelnen Kennzahlen kann deshalb
kürzer ausfallen, als ihre große Anzahl vermuten lassen sollte.

Teilchengröße

Diese Bestimmung ist von Wichtigkeit, da die Wirksamkeit des Puders
oder der zugefügten Wirkstoffe von der Größe der Oberfläche weitgehend
abhängt. Wie KJELLMARK[1] ausführt, sind die Siebe der verschiedenen
Arzneibücher leider voneinander abweichend, und es sollte nicht nur die
Nummer des vorgeschriebenen Siebes, sondern auch deren Maschenzahl
pro Quadratzentimeter jeweils angegeben sein. In vielen Fällen wird
auch die Überprüfung eines Musters in der Zählkammer unter dem
Mikroskop genügen. Für Fälle, in denen es auf besonders genaue Zahlen
ankommt, muß die Sedimentationsanalyse in der von ANDREASEN[2]
modifizierten Form angewandt werden.

Zur Bestimmung der *Teilchengröße* schlagen H. MÜHLEMANN u. G.
VEGEZZI[3] eine indirekte Methode vor, nämlich die Dispersitätszahl, die
sich eng an die Bestimmung der Kügelchenzahl von Emulsionen nach
MÜNZEL[4] anlehnt. Hierbei wird die Dispersitätszahl ausgedrückt in Milliarden Partikel pro Gramm Pudergrundstoff bzw. Puder.

25 mg Pudergrundstoff oder Puder werden in einem 100 ml Meßkolben
in Wasser aufgeschwemmt und durch Schütteln während einer ½ Std
homogenisiert. Dann wird sofort eine kleine Probe der Aufschwemmung

---

[1] KJELLMARK: Svenks farm. tidende **57**, 345 (1953).
[2] ANDREASEN: Kolloidchem. Beih. **27**, 349 (1928). — Angew. Chem. **48**, 283
(1935).
[3] MÜHLEMANN, H., u. G. VEGEZZI: Pharm. Acta Helvet. **29**, 116 (1954).
[4] MÜNZEL: Pharm. Acta Helvet. **17**, 239 (1942).

in ein Hämocytometer nach THOMA gegeben und bei einer 1560fachen Vergrößerung die Anzahl der Partikel über 10 Quadraten ausgezählt.

Für die Berechnung wurde die Anzahl Partikel über einem Quadrat des Hämocytometers zugrunde gelegt, wobei hierzu der Mittelwert von 8 bis 12 Auszählungen über Quadraten verwendet wurde.

Beispiel: 100 ml Suspension enthalten 25 mg Bolus. Ein Quadrat des Hämocytometers ($= 25 \cdot 10^{-8}$ ml) enthält somit

$$\frac{25 \cdot 25 \cdot 10^{-8}}{100} = \frac{25 \cdot 10^{-8}}{4} \text{ mg Bolus} = \frac{25 \cdot 10^{-11}}{4} \text{ g Bolus}$$

$$D = \frac{n \cdot 4}{25 \cdot 10^{-11} \cdot 10^{9}} = \frac{n \cdot 4}{25 \cdot 10^{-2}} = \frac{n \cdot 4}{0{,}25} = n\,16$$

$D =$ Dispersitätszahl in Milliarden Partikel/g Bolus.
$n =$ Anzahl Partikel über einem Quadrat des Hämocytometers.

Die Verfasser weisen darauf hin, daß zwischen Partikelzahl, dem Adsorptions- und Aufsaugevermögen eine gewisse Parallelität besteht. Die vorgeschlagene Methode erhebt keinen Anspruch auf eine sehr große Genauigkeit, andererseits kann sie in relativ kurzer Zeit und einfacher Weise Aufschluß über die zu erwartenden Eigenschaften eines Pudergrundstoffes (z. B. Bolus) bezüglich Aufsaugevermögen und Adsorptionsvermögen geben.

Spezifisches Gewicht

Diese Bestimmung erfolgt in üblicher Weise im Pyknometer.

Schüttgewicht

Eine Vorschrift zur Bestimmung desselben bei Pudern gab LEDERER[1] schon im Jahre 1932. Das Schüttgewicht ist das Volumen in Milliliter, das 1 g Puder oder Pudergrundstoff ausfüllt. Uns genügte bisher die volumetrische Messung von 10 g Puder in einer Mensur, die nach mehrmaligem Beklopfen der Wandung direkt abgelesen werden kann. Die Arbeit LEDERER gibt ein genaueres Verfahren an. Bei der Durchführung muß auf das Original verwiesen werden.

Die Bestimmung des scheinbaren Volumens

Man arbeitet ähnlich nach dem Verfahren, das wir zur Schüttgewichtsbestimmung verwenden. Nach CASADIO[2] soll diese Prüfung in neue Arzneibücher aufgenommen werden. Von dem durch ein bestimmtes Sieb gefallenen Puder werden 50 g abgewogen in einen Meßzylinder, der genau tariert ist, gegeben, man läßt ihn 3mal aus 10 cm Höhe auf Hartholz fallen und liest das Volumen ab. Das scheinbare Volumen errechnet man durch Division des Volumens in Milliliter durch das Gewicht in Gramm.

---

[1] LEDERER: Seifensieder-Ztg. **59**, 203, 221 (1932).
[2] CASADIO: Bol. chim. farm. **92**, 9, 349 (1953).

Sperrigkeit

Nebst dem Schüttgewicht interessiert auch die Dispersität eines Puders. LEDERER[1] stellt sie durch die sogenannte Sperrigkeit, das ist der Quotient aus dem wahren, spezifischen Gewicht und dem scheinbaren Schüttgewicht fest. Je größer der Quotient, umso kleiner die Teilchengröße.

Homogenität

Die Bestimmung der Homogenität kann durch Siebe ermittelt werden. Je nachdem der Puder oder die Pudergrundlage nur von einem oder von mehreren Sieben aufgefangen werden kann, ist er mehr oder weniger homogen.

Innere Oberfläche

Die innere Oberfläche ist im wesentlichen eine Funktion anderer behandelter Punkte, so daß sie vernachlässigt werden kann. Interessenten für eine genaue Methode seien auf die Arbeit von KARAGOUNIS[2] verwiesen.

Äußere Oberfläche

Die Konfiguration der Puderbestandteile, wie Stärke, Talkum, Inulin, Milchzucker, Lycopodium weicht von der Kugelgestalt nicht allzuweit ab. Anders ist dies bei Grundlagen wie Aerosil und Zinkoxyd, die oft, aber nicht immer, eine durch Zacken und Einbuchtungen neben der inneren noch eine vergrößerte äußere Oberfläche besitzen. Letztere hat man bisher zugunsten der meist weitaus bedeutenderen inneren vernachlässigt.

Gelegentlich besitzt eine Substanz eine große äußere bei fehlender innerer Oberfläche. Dies muß berücksichtigt werden, da eine vergrößerte äußere Ausdehnung einen gesteigerten Kontakt mit den Wirkstoffen erwarten läßt. Vergleicht man Abb. 8—10 (S. 110) des Formaldehyd-Harnstoffpuders mit dem einer Stärke, so wird dies offenbar. Die Zacken, Lamellen und oberflächlichen Capillaren können breitflächig Wirkstoffe abgeben, wogegen kugeligen Gebilden nur eine kleinere Oberfläche zur Verfügung steht. Den Grundlagen mit innerer Oberfläche gegenüber haben lamellenförmige Pulver den Vorteil, daß sie nicht adsorbieren, also keinen Wirkstoff unwirksam nach innen verschwinden lassen. Wir halten z. B. eine Mischung einer Salbe mit einem Grundstoff mit großer innerer Oberfläche für eine Fehlkombination, die Salbe verschließt nur die Poren, vernichtet also die Adsorptionsbereitschaft, ohne dafür ein Äquivalent zu geben. In solchen Fällen ist die vergrößerte äußere Oberfläche am Platze.

Mit ihrer Testung hat man sich bisher nicht beschäftigt. Ein Maß gibt das Nachfahren der Konturen der Mikrobilder 1:100 mit einem Bleistift und Messen der Länge der Striche. Je länger diese bei gleichem Gewicht, um so größer die Oberfläche.

---

[1] LEDERER: Seifensieder-Ztg. **59**, 203, 221 (1932).
[2] KARAGOUNIS: Helvet. chim. Acta **36**, 282 (1953).

Keimfreiheit

Die Prüfung auf Keimfreiheit erfolgt durch den Lochtest. In Nährbodenplatten wird mit einem sterilen Korkbohrer steril ein Loch von 10—15 mm Durchmesser ausgestanzt. In dieses Loch gibt man den zu prüfenden Pudergrundstoff oder Puder. Die zu prüfende Substanz wird vorher mit sterilem, destilliertem Wasser zu einem mäßig dünnen Brei verrührt. Die Nährbodenplatten werden bei 37° C mindestens 48 Std lang bebrütet; anschließend wird festgestellt, ob Trübungen aufgetreten sind. Ist dies nicht der Fall, so kann der geprüfte Stoff als keimfrei bezeichnet werden.

Die Bestimmung der Reizlosigkeit

In vielen Fällen wird es erforderlich sein, die Reizlosigkeit und damit Hautverträglichkeit eines Pudergrundstoffes oder eines Puders zu prüfen. In diesem Falle wird der sogenannte *Läppchentest* ausgeführt.

Der zu prüfende Pudergrundstoff oder Puder wird trocken oder nach Aufschlemmung in Wasser auf ein Leinenläppchen von etwa 2 cm Durchmesser aufgetragen, dieses mit einem wasserundurchlässigen Stoff bedeckt und mit einem möglichst reizlosen Heftpflaster (eventuell Binde) auf gesunder Körperhaut befestigt. Die Ablesung erfolgt nach 24 oder 48, gegebenenfalls auch 72 Std; entsprechend der entstandenen Rötung, Infiltration, Knötchen- oder Blasenbildung wird die Reaktion mit —, + bis ++++ bewertet.

H. A. SHELANSKI und M. V. SHELANSKI[1] weisen darauf hin, daß der in üblicher Weise ausgeführte Läppchentest keinen Aufschluß darüber gibt, ob der Stoff, der geprüft wird, im Dauergebrauch nicht sensibilisierend wirkt. Sie schlagen daher vor, den Test wie folgt zu handhaben:

Die zu prüfende Substanz wird in üblicher Weise 24 Std lang auf der Haut belassen. Nach einer eintägigen Erholungspause wird eine neue Probe auf die gleiche Hautstelle gegeben und gleich lang liegen gelassen. Dieses Verfahren wird — immer an derselben Hautstelle — 15 mal wiederholt. Die Haut bleibt jetzt 2—3 Wochen unbehandelt, dann wird eine weitere Probe für nochmals 48 Std auf die gleiche Hautstelle gegeben. Der so ausgeführte Test gestattet nach Ansicht der genannten Autoren nicht nur primäre Reizwirkungen, sondern auch Sensibilisierungs-Reaktionen zu erfassen; kommt also den Verhältnissen der Praxis wesentlich näher. So notwendig das Verfahren ist, so kompliziert und langwierig erscheint es. Das Porofix-Testpflaster von Lohman in Fahr/ Rhein dürfte es etwas erleichtern (BOSLET[2]).

Adsorptionsvermögen

Diese Bestimmung erfolgt am zweckmäßigsten nach dem von den Arzneibüchern angegebenen Methoden mit Methylenblaulösung die dort bei der Besprechung der Aktivkohlen eingehend geschildert sind. Puder müssen natürlich nicht die hohen Absorptionswerte der Medizinalkohlen

---

[1] SHELANSKI, H. A., u. M. V. SHELANSKI: Drug. Cosmet. Ind. **73**, 186 (1953).
[2] BOSLET: Berufsdermatosen **2**, 167 (1954).

aufweisen, eine gewisse Absorption kann aber erwünscht sein. Auch muß sich die Behauptung, daß der Puder besonders gut absorbiere, die häufig hervorgehoben wird, jeweils nachgeprüft werden können.

Deckkraftmessung

JAKOBI[1] hat eine Methode zur Deckkraftmessung ausgearbeitet, die individuell auf der Haut reproduzierbare Werte abzulesen gestattet. Auf mehreren Hautstellen wird Puder aufgetragen und im PULFRICH-Photometer einer Barytweißscheibe gegenübergestellt.

Haftvermögen

Unsere Methode, die Haftfestigkeit an der lebenden Haut durch Rückwiegen der abgepinselten Anteile auf einer empfindlichen Waage zu messen, wurde von JAKOBI u. LANTSCH[2] ergänzt. Die beiden Verff. versuchten, das Problem auf optischem Wege zu lösen. Sie bedienen sich dabei der Messung der Strahlen-Remission im Vergleich zu Barytweiß mit Hilfe des PULFRICH-Photometers. Man kann mit diesem Apparat genauer arbeiten, und zwar wie folgt:

Eine Hautstelle von 4 cm Durchmesser wird, um die Eigenfarbe auszuschalten, mit einer Methylenblaulösung angefärbt und ausphotometriert. Der erhaltene Haftwert II kann nun in Relation zum Leerwert und Haftwert I gebracht werden, und durch eine Formel werden brauchbare Zahlen gewonnen.

Die Methode von AWE[3], die zur Testung des Haftvermögens von Talcum in Pflanzenschutz ausgearbeitet wurde, könnte modifiziert gleichfalls in vielen Fällen brauchbar sein. Man arbeitet mit polierten Metallflächen, die mit Puder bestreut werden, eine mechanische Klopfvorrichtung klopft den Überschuß ab und sowohl der abgefallene wie der haftende Puder geben ein Maß für die Haftfestigkeit.

Wärmeleitfähigkeit

Die Wärmeleitfähigkeit ist von Interesse, da sie die Kühlwirkung weitgehend beeinflußt. Man wird hier besser diese Funktion direkt auf der Haut messen und sich der Methoden bedienen, die wir bzw. KLEINE-NATROP[4] in sehr ausführlicher und eingehender Weise niedergelegt haben.

Gleitfähigkeit

Über die Beurteilung dieser Eigenschaft wurde bereits berichtet.

Verstäubungsneigung

Auch hierüber bitten wir die Ausführungen in Salben, Puder und Externa nachzulesen.

---

[1] JAKOBI: Fette u. Seifen 53, 4 (1951).
[2] JAKOBI u. LANTSCH: Pharmazie 64, 161 (1951).
[3] Awe: Südd. Apoth.-Ztg. 88, 299 (1948).
[4] KLEINE-NATROP: Arch. f. Dermat. 193, 503 (1951); 195, 310, 315, 321 (1953). — Fette u. Seifen 55, 693 (1953).

Die Bestimmung der Abgabe von Arzneistoffen

Soll in einen Pudergrundstoff oder in eine Pudergrundlage ein Wirk-stoff eingearbeitet werden, von dem erwartet wird, daß er auf oder in der Haut zur Wirkung gelangt, so muß der Nachweis erbracht werden, daß dieser Wirkstoff von dem Pudergrundstoff bzw. von der Pudergrundlage an die Umgebung (Haut) abgegeben wird.

Bei wasserlöslichen Substanzen geben die im folgenden geschilderten Modellversuche Anhaltspunkte:

Ein Glaszylinder (Höhe etwa 8 cm, Durchmesser etwa 4 cm) wird mit einer 2%igen Agar-Agarlösung, die einen Indicator auf den zu prüfenden Wirkstoff enthält, bis zu einer Marke gefüllt (Höhe der Marke etwa 5 cm). Nach dem Erstarren der Agarlösung gibt man auf die Agarschicht eine Filterpapierscheibe, auf der 1—2 g der zu prüfenden Substanz gleichmäßig verteilt werden. Nach dem Bedecken des Glaszylinders mit einem Uhrglas wird nunmehr die Diffusion des Wirkstoffes an der gegebenenfalls auftretenden Verfärbung des Agars festgestellt, wobei die Tiefe der gefärbten Schicht als annäherndes Maß der Wirkstoffabgabe gewertet werden kann.

Die Versuchsanordnung ahmt nur feuchtes Milieu, also die Abgabe in Wunden und feuchter, sowie der Schleimhaut nach und kann natürlich auch nur bei wasserlöslichen Medikamenten verwendet werden.

In besonderen Fällen muß man sich gegebenenfalls eine Methode aus-arbeiten. Verhältnismäßig einfach ist die Situation bei den desinfizieren-den Pudern, Sulfonamiden und Antibioticis. Hier kann man sich der Agarplattenmethode in ihren verschiedenen Modifikationen bedienen.

Aufsaugevermögen

Die alte Prüfungsmethode, die ENSLIN angab und die wir schon besprochen haben, wurde von MÜHLEMANN u. VEGEZZI[1] apparativ und in der Durchführung vereinfacht. Der neue Apparat besteht aus einer G1-Glasfilternutsche von 2 cm Durchmesser, der durch einen 20 cm langen Schlauch mit einer in 0,01 ml graduierten 3 ml-Pipette verbunden und so an einem Stativ befestigt wird, daß die Pipette genau horizontal und die innere, obere Wandseite des Rohres in gleicher Höhe mit der Glasfritte zu liegen kommt. Um die Apparatur mit Flüssigkeit zu füllen, wird sie an der Pipette in vertikaler Richtung gestreckt aufgehängt, und während die Nutsche in der Versuchsflüssigkeit liegt, durch Saugen an der Pipettenspitze, an der ein kurzer Schlauch mit Quetschhahnen an-gebracht ist, gefüllt.

Sobald die Flüssigkeit die oberste Marke erreicht hat, wird der Hahn geschlossen und der Apparat montiert. Die Feineinstellung auf die äußerste Marke der Pipette wird durch Verschieben oder Drehen des Schlauches nach dem Trocknen des oberen Teiles der Glasfritte mit Filtrierpapier oder Watte bewerkstelligt. Nach den Untersuchungen der Autoren wird das totale Aufsaugevermögen durch Nutschen verschie-

---

[1] MÜHLEMANN u. VEGEZZI: Pharm. Acta Helvet. **29**, 111 (1954).

dener Porengröße nicht beeinflußt. Es wird daher absichtlich die Porengröße G 1 gewählt, um die Beobachtungszeiten nicht zu lange hinzuziehen.

p_H-Wert der wasserlöslichen Anteile

Die Bestimmung kann nach Digerieren des Puders mit Wasser und nach dem Abfiltrieren der unlöslichen Anteile durchgeführt werden. 1 g Puder wird mit 9 g Wasser gründlichst aufgeschlämmt. Von der Aufschlämmung wird dann sofort der p_H-Wert mit der Glaselektrode ermittelt.

Anhaltspunkte gibt auch die einfache Messung der überstehenden Flüssigkeit mit Indicatorpapier. Die unlöslichen Anteile, die bei obenstehender Methode abfiltriert werden, geben rückgewogen Aufschluß über die Menge der gelösten Anteile.

Öllösliche Anteile

werden durch Extraktion des Puders mit einem Fettlöser im Soxhlet und Rückwägen des Unlöslichen bestimmt.

Beeinflussung der Hauttemperatur. Hierüber wurde bereits berichtet.

Inkompatibilität mit Arzneistoffen

Dieses Thema muß zuerst an Hand der Eigenschaften der einzelnen Komponenten überlegt und dann empirisch durchgearbeitet werden. Richtlinien lassen sich hier nicht ausarbeiten. Wie groß hier der Einfluß der Grundlagen ist, sehen wir am besten an den Pudern mit Antibioticis. Wir haben bei der Entwicklung des Usniplantpuders mit KÖNIGSBAUER[1] die verschiedensten Grundlagen durchgeprüft. Den Durchmesser des sterilen Hofes um den Puder auf Agarplatten zeigt folgende Tabelle.

Talcum	Durchmesser des sterilen Hofes 1—2 mm					
Stärke	„	„	„	„	4	„
Inulin	„	„	„	„	3	„
Bolus alba	„	„	„	.,	4—5	„
Milchzucker	„	„	„	.,	9	„
Siliciumdioxyd	„	„	„	„	3	„
Zuckermischung	„	„	„	„	6	„
Zinkoxyd	,	„	„	„	0	„
Titandioxyd	„	„	„	„	0	„

Auch bei Salben findet sich ein bedeutender Unterschied.

Vaselin	Durchmesser des sterilen Hofes 4 mm				
Ungt. Tylose	„	„	„	„	8 „
Ungt. Glycerini	„	„	„	„	15 „
Ungt. Karioni	„	„	„	„	11 „

Schon aus dieser Tabelle sieht man, daß der Grundlage, die für sich, mit Ausnahme der Metallsalze, keinen Hof verursacht, eine überragende Bedeutung zukommt.

---

[1] KÖNIGSBAUER: Hautarzt 6, 11, 501 (1955).

Aber gerade hier und bei Farbstoffen muß die osmotische Kraft der Puder- und auch Salbengrundlage mit ins Kalkül gezogen werden.

Wir bemühten uns lange Zeit vergeblich, die therapeutisch sichtbare Wirkung von Pudern und Salben mit Milchzucker bzw. Polyäthylenoxydsalben nachzuweisen. Die Grundlagen zogen das Wasser aus der Gelatine oder Agar-Platte, und ein Tropfen oder Brei schwamm ohne Kontakt darauf. Diffusion konnte nicht erfolgen. Wäßrige Emulsionen scheinen bedeutend wirksamer zu sein, da hier die hemmende Osmose keinen Gegenstrom verursachte. Ganz anders wird das Bild, wenn man Salben und Puder auf den Boden der Petri-Schale legt, den eben noch flüssigen Agar darübergießt und dann den Farbstoff direkt, den sterilen Hof nach Beimpfung und Bebrütung abliest.

Die Höfe werden dadurch außerordentlich groß.

Pudergrundlagen

Anorganische Produkte

Talcum wird auf Grund zahlreicher Veröffentlichungen der letzten Zeit vielfach abgelehnt (RÖSSLE[1], BADER[2], ANGST[3] und viele andere), da er als Pudergrundlage und als Handschuhpuder entzündliche Fremdkörperreaktionen und Granulome verursacht.

Ärosil, kolloidale Kieselsäure der Degussa wird in Salben und insbesondere in Pudern als Verdickungsmittel und zur Aufsaugung von Sekreten verwendet. Der Zusatz von 3—6% macht den Puder locker und gut saugend, LEIDERITZ[4] berichtet eingehend über dieses Thema.

Interessant ist das US-Patent 2175213 von PARKER und PARSONS, demzufolge *Aluminiumpulver* mit Oxalsäurelösung oberflächlich oxydiert und dann mit Permanganat, Tannin oder Farbstoffen fleischfarben gefärbt wird. Der Puder haftet durch Gummizusatz und soll gut abschirmen.

Organische Produkte

Methylmethionin soll nach WILHELM[5] heilend bei ulcus cruris wirken. Der Mechanismus ist noch ungeklärt.

Harnstoff-Formaldehydkondensate haben wir schon in der Kriegszeit untersucht. Mittlerweile wurde ein Probepuder der BASF weiter geprüft. Außer den bisher gefundenen guten Eigenschaften ist vor allem die gute Haftfähigkeit auf der Haut zu nennen. Der Puder ist sauer (p_H 4,5) und völlig reizlos verträglich. Er war der Vorläufer des Orbacid Puders der Firma Organa-Schaum-Chemie, Frankenthal/Pfalz. Sie bringt unter dem Namen *Orbacid* einen Pudergrundstoff, der aus gemahlenem Formaldehyd-Harnstoff-Kunststoff hergestellt wird und ein Pulver aus Lamellen von verschiedenen Feinheitsgraden darstellt, auf den Markt.

[1] RÖSSLE: Dtsch. med. Wschr. **1951**, 394.
[2] BADER: Dtsch. med. Wschr. **1950**, 50.
[3] ANGST: Ther. Umschau 8, 148 (1952).
[4] LEIDERITZ: Z. f. Parfümerie u. Kosmetik **32**, 9 (1951).
[5] WILHELM: Bull. Soc. franc. Dermat. **62**, 83 (1952).

Die Bedenken, daß Formaldehyd, welcher in freiem Zustand außerordentlich hautreizend wirkt, wohl nicht als Pulver verwendbar sei, konnten ausgeschaltet werden. Dies ist ebenso möglich, wie bei Kunststoffen, die z. B. in Zahnprothesen eingesetzt werden. Sie sind chemisch umgesetzt, der Formaldehyd ist im fertigen Kunstharz nicht mehr frei vorhanden und gerade so wenig aktiv wie z. B. die Schwefelsäure im Gips.

Das mikroskopische Bild zeigt die gegenüber den Vergleichssubstanzen äußerst zarte Struktur. Selbst bei dieser feinen Mahlung bilden sich keine Luftkolloide (Abb. 8—10 elektronenoptisch 1:4000).

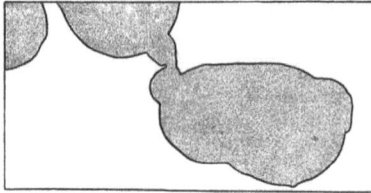

Abb. 8. Reisstärke

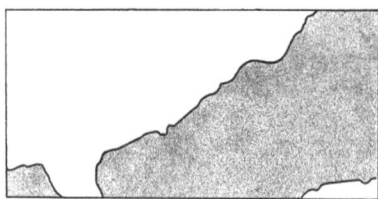

Abb. 9. Talcum

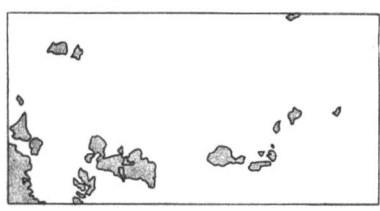

Abb. 10. Orbacidpuder

Orbacid hat eine sehr große äußere Oberfläche, die etwa 20 mal größer ist, als Reisstärke und Talcum. Es ist autosteril. Der Reizlosigkeit-Test erfolgte mit Läppchenproben und nach der von SHELANSKI ausgearbeiteten komplizierten Methode, die auch eine eventuell auftretende Allergisierung anzeigt. Dermatologische Überprüfungen ergaben Reizlosigkeit. Die Haftfestigkeit auf der Haut ist gegen Wind, Abrieb, Abstäuben und Feuchtigkeit rein optisch beurteilt, allen anderen Puderbasen überlegen. Im Aufsaugevermögen gegen Wasser und Öl und im Hinblick auf die Haltbarkeit und Kompatibilität steht es mit an erster Stelle aller Pudergrundlagen. *Orbacid* kann bei 105—120° C im strömenden Dampf durch mehrere Stunden erhitzt werden (CZETSCH-LINDENWALD[1]).

Durch Verätherung der Stärke (Mais) mit Tetramethylolacethylendiharnstoff gelang es nach einem Patent von SCHÖLLER u. FIEDLER[2], (DRP. 840542) der Stärke die unerwünschten Eigenschaften zu nehmen. Dieser ANM-Puder (Amylum non mucilaginosum) wird von der Neckarchemie Oberdorf/Neckar als Pudergrundlage und Handschuhpuder für die Chirurgie hergestellt.

Gemischte Puder

Klosterfrau-Aktiv-Puder führt nach SIMON bei Verbrennungen aller drei Grade zu schneller Heilung, die Narben fallen kosmetisch sehr gut aus. Der Puder besteht aus 93% eines dem Ärosil ähnlichen Silicium-

---

[1] CZETSCH-LINDENWALD: Pharm. Ind. **18**, 4 (1956).
[2] SCHÖLLER u. FIEDLER: Arzneimittel-Forsch. **2**, 336 (1952).

derivates, 6,5% Salbe, 0,5% Benzoesäureester. Die Wasseraufnahme ist gut, die Adsorption von Methylenblau mäßig. Zweifellos ein guter Puder, der aber leider mit übertriebener Werbung bei allen Indikationen, fettend und entfettend, empfohlen wird.

Beim *Vasal-Hautschutz-Verfahren* (Vasenol-Werke, Oberndorf/Neckar stehen zur Verfügung (siehe Gewerbeschutzsalben):

Vasenol-Handschuhpuder, physikalisch nachbehandelte ANM (Amylum non mucilaginosum) Pudergrundlage auf Maisstärkebasis mit einer geringen Menge Magnesium-Oxyd.

Vasural-Puder (zur percutanen Therapie) enthält den „Vasural-Komplex" (Camphora trita, Ol. Eucalypti, Ol. Pini, pumilionis. Ol. Therebinthinae und Ol. Karwendoli in mit Ungt. Vasenoli befetteter Pudergrundlage.

Vasal-Puder (Vasenol-Hautschutz-Puder) besteht aus: Ungt. Vasenoli (siehe dort), Vasenol-Tannat, Acidum boricum und einer Pudergrundlage.

Sulfonamidpuder

Das MP-Puder-Sortiment wurde erweitert, und nun sind auch MP-Puder rot = Marfanil + Prontosil rubr. und MP-Puder weiß = Marfanil-Prontalbin im Handel. Die Präparate wurden von KRAMER[1] und MÜLLER-OSTEN[2] empfohlen.

Albucid-Kinderpuder ist sauer, gut aufsaugend und wurde von ZIERZ[3] auf Grund seiner Versuche an 2000 Säuglingen empfohlen.

Nach den Erfahrungen ZENNERS[4] ist eine wäßrige Penicillin-Lösung bei bakteriellen Hauterkrankungen den Sulfonamiden überlegen (10000 EH pro Kubikzentimeter).

HIRTH[5] berichtet, daß *Sufortan-Puder* bei frischen, insbesondere auch infizierten Wunden sich gut bewährt hat. Die Wundschmerzen werden nicht beeinflußt, Ekzembildung wird nie beobachtet.

Erwähnt sei auch der *Cavax-Puder* (Robugen Ges. m. b. H.), dessen Wirkstoff ein organischer Körper auf Rhodanbasis ist.

Vasenol-OU-Puder enthält Naphthalin, Schieferöl und Aldehyde und ist zur Lokalbehandlung bei Oxyurenbefall ausgearbeitet worden (AICH[6]).

Vaopin-Wundpuder enthält Phenol und Campher und wird zur Nabelpflege der Säuglinge verwendet (EISEN[7]).

Perodin-Puder (G. W. Burkhardt, Frankfurt/Main) ist ein Spezial-Wundpuder auf ANM-Basis mit 5% Perodingrundlage. Das Perodin besteht aus einer stabilisierten Rhodan-Wasserstoffsäure.

---

[1] KRAMER: Zbl. Chir. 2, 120 (1948).
[2] MÜLLER-OSTEN: Chirurg 10, 468 (1948).
[3] ZIERZ: Med. Klin. 1949, 769.
[4] ZENNER: Dermat. Wschr. 1949, 345.
[5] HIRTH: Med. Mschr. 4, 1 (1950).
[6] AICH: Wiss. Ber. d. Vasenolwerke 1951, 1.
[7] EISEN: Wiss. Ber. d. Vasenolwerke 1950, 2.

Puder mit antibiotischer Wirkung

Wie schon Büchi, allein und zusammen mit Gundersen[1] mitteilte, werden hierfür die verschiedensten Pudergrundlagen verarbeitet. Milchzucker, Traubenzucker, Magnesium-Oxyd, Lykopodium, Trockenserum, Trockenplasma, Sulfathiazol und Sulfanilamid sind als Träger und die verschiedensten Penicilline als Wirkstoffe vorgeschlagen worden.

Penicillin-Calcium, die kristallisierten Natrium- und Kaliumsalze hoher Reinheit sind nicht hygroskopisch und verwendbar[2]. Gegenteilige Berichte älterer Autoren beruhten auf unreinen hygroskopischen Präparaten. Als Vehikel sind die Zucker gegenüber anderer Stoffe vorzuziehen. Durch Sulfonamide wird die Wirkung nicht verbessert (Fleming[3]). Milchzucker wurde bei 150° C sterilisiert und mit Penicillin sorgfältig vermischt, diese Mischung hält sich bei 4° C etwa 2 Monate lang. Büchi u. Gundersen geben 3 Rezepte an, von denen eines skizziert sei:

> **Rp.:** Penicillin natr. cryst. . . . . 1 000 000 E
> Ol. arachidis hydrogenat. 0,25
> Äther ad narc. . . . . 5 cm³
> Na-laurylsulfat 0,5
> Gummi arab. desencymat. 1,5
> Saccar. lactis anhydr. . . . ad 100,0

Das Penicillin wird mit der Ätherlösung des Fettes verrieben und so, fettumhüllt, geschützt. Dann werden die anderen Stoffe zugefügt. Bei Aufbewahrung über Ca Cl und bei 4° C wurde kein Wirkstoffschwund innerhalb 4 Monaten festgestellt.

Milchzucker ist auch die Basis des *Penicillinpuders Grünenthal*, mit dem Baron[4] seine Untersuchungen an Verbandstoffen anstellte.

Borsäure, Calomel, Resorcin, Ichthyol, Schwefel kann man mit Penicillin-Calcium kombinieren, ohne daß das Penicillin inaktiviert wird.

Empfehlenswert ist die Verwendung des pulverisierten Calcium-Penicillins wegen seiner geringen hygroskopischen Eigenschaften. Als Pudergrundlage wird auch von Heinlein[5] Milchzucker empfohlen, er hat bei 3550 Fällen kaum Reizungen verursacht und gute Erfolge gezeitigt. Marchionini u. Götz[6] warnen vor Mischungen mit Sulfonamiden wegen der Gefahr allergischer Reaktionen an der Haut. Salicylsäure verdirbt das Penicillin in kurzer Zeit.

Die Kombination von Antibioticis und Sulfonamiden wird also vielfach abgelehnt, andererseits aber auch befürwortet. Sie seien überall dort am Platze, wo resistente Stämme vom Antibioticum allein nicht angegriffen werden. Lang[7] ist darüber hinaus der Ansicht, daß die Sulfonamidkomponente die Penicillase inaktiviere.

---

[1] Büchi u. Gundersen: Pharm. Acta Helvet. 24, 31 (1949).
[2] Dtsch. Apotheker-Ztg. 11, (1951).
[3] Fleming: Penicillin. London: Butterworth 1946.
[4] Baron: Arzneimittel-Forsch. 2, 12 (1952).
[5] Heinlein, M.: Dtsch. Gesundheitswesen 2, 578 (1947).
[6] Marchionini u. Götz: Penicillinbehandlung der Hautkrankheiten. Springer 1950.
[7] Lang: Med. Klin. 1951, 44.

Penicillinpuder verursachen, wie alle äußerlich angewendeten Antibiotica, mitunter unerwünschte Nebenerscheinungen. ZINZIUS[1] hat sie zusammengestellt. STAEHLER[2] empfiehlt zu Kompensation Vitamin C, RAUCH[3] hingegen Rutin. Im übrigen gelten für die antibiotischen und Sulfonamid-Puder die unter dem Kapitel Antibiotica gemachten Ausführungen.

Bei Verwendung des Usninsäurepuders (Usniplant der Dr. Willmar Schwabe GmbH Karlsruhe-Durlach), den KÖNIGSBAUER[4] empfiehlt, schließt viele Nachteile, der sonst gebräuchlichen Antibiotica aus. Der Puder enthält 0,2% Usninsäure und 0,1% Rutin, wird reizlos vertragen, greift Penicillinresistente Stämme an und verursacht keine Allergien.

Sulfadin-Penicillin-Streupuder werden häufig in absolut steriler Form verordnet. LENNERT-PETERSEN[5] stellte in Versuchen fest, daß Mischungen von Sulfadiazin mit 5000 E. H. Kalium-Benzylpenicillin bei 110° C getrocknet und bei 140° C 3 Std oder 160° C 2 Std sterilisiert werden können, ohne an Wert einzubüßen. Das analoge Natriumsalz verträgt die Sterilisation nicht. Für dieses abweichende Verhalten wird der Unterschied in der Kristallstruktur als Ursache vermutet.

Schüttelmixturen

Allgemeines

Schüttelmixturen sollen nach SAGER[6] folgende Forderungen erfüllen:

1. Gute Haltbarkeit.
2. Indifferenz gegenüber dem Applikationsgebiet.
3. Gute Durchlässigkeit der nach Verdunstung des flüssigen Anteils zurückbleibenden Puderschicht.
4. Abwesenheit aller Arten von Fetten.
5. Gute Kühlwirkung.
6. Günstige Wasserstoffionenkonzentration.
7. Gute Dosiergenauigkeit.
8. Gute Haftfestigkeit.
9. Gute Aufstreichbarkeit.

Nun zu den einzelnen Bestandteilen.

Flüssige Anteile

Da Glycerin in manchen Fällen unerwünscht ist, hat man den Versuch gemacht, es durch Sorbit zu ersetzen. Er klebt weniger als Glycerin, fördert die Schaumbildung und ist völlig indifferent. Die Sedimentation

---

[1] ZINZIUS: Die Antibiotica und ihre Schattenseiten. Stuttgart: Hippokrates Verlag 1954.
[2] STAEHLER: Dtsch. med. Wschr. **1951**, 118. — Medizinische **4**, (1951).
[3] RAUCH: Dtsch. med. Wschr. **1949**, 83.
[4] KÖNIGSBAUER: Hautarzt **6**, 11 (1955).
[5] LENNERT-PETERSEN: Dansk Tidscrift f. Farm. **24**, 33 (1950).
[6] SAGER: Dissertation, Bern 1946.

wird durch die Substituierung weder beschleunigt, noch verzögert (CZETSCH-LINDENWALD[1]). Vorschläge zur Verwendung gab JANISTYN[2].

Feste Anteile

Zinkoxyd ist in den Schüttelmixturen ein Bakteriostaticum. Durch Zusatz von Phenol oder Bestrahlung entsteht nach REESE u. GUTH[3] in der Calamine Lotion Wasserstoffsuperoxyd, das in Statu nascendi besonders aktiv ist. Derartige Zubereitungen werden dann besonders wirksam, wenn dem Licht und Luftzutritt durch Kleider und Verbände kein Hindernis entgegensteht.

Tylose wird von BERESTON[4] als filmbildender und verdickender Bestandteil hervorgehoben. Außer mit löslichen Aluminium- und Zinksalzen ist sie mit allen in Schüttelmixturen vorkommenden Wirkstoffen kompatibel. Die Sedimentationsgeschwindigkeit wird durch den Zusatz herabgesetzt. Unsere eigenen Erfahrungen sind im Hinblick auf den letzten Punkt nicht so günstig. Wir fanden, daß solche Präparate, sofern sie länger als 2—3 Tage lagern unter einer klaren Schicht einen Kuchen bilden, der sich durch Schütteln nicht verteilen läßt. Außerdem widersprechen solche Verarbeitungen dem Punkt 3 von SAGER.

Als Stabilisatoren zur Bereitung von Schüttelmixturen haben SALZMANN[5] „Tixogel", ein Schweizer Präparat und Salzer „Bentonit" empfohlen. Insbesondere letzterer Autor hat die verschiedensten Emulgatoren geprüft und nur diesen vulkanischen Ton als geeignet befunden, denn das Präparat SALZMANNS war zwar pharmazeutisch befriedigend, reizte aber die empfindliche Haut. KUSKE[6] stabilisiert seine Schüttelmixturen mit 30% festen Anteilen gleichfalls mit 2—3% Bentonit. Diese Menge beeinflußt die Verträglichkeit nicht.

Hydroxyäthylstärke wird durch Umsetzung von Stärke mit Äthylenoxyd hergestellt und dient gleichfalls als Suspensionsmittel. Die Marke CWS mit 50% Äthylenoxyd ist in kaltem, HWS mit 30% Äthylenoxyd in heißem Wasser löslich. Das letztere Präparat wird in Mengen von 3—5% zugefügt und ist auch auf Grund seiner besseren Verträglichkeit mit verschiedenen Lösungsmitteln vorzuziehen. HÄRING[7] bringt darüber eine Arbeit, in der die einschlägige Literatur genau zitiert wird.

Die flüssigen Polyäthylenglykole (mit einem Molekulargewicht von 400—600) sind gleichfalls verwendbar. Ebenso das Monostearat des Polyäthylenglykols 400, das als Suspensionsmittel der Calamine Lotion US-P. in Gebrauch steht.

Eine besonders haltbare und homogene Schüttelmixtur wurde als *Lotio Cordes* von der Ichthyol-Gesellschaft in den Handel gebracht. Statt Zinkoxyd wurde das chemisch weitgehend indifferente Titandioxyd eingesetzt, das eine chemische Umsetzung mit bestimmten Wirkstoffen

---

[1] CZETSCH-LINDENWALD: D.A.P. **94**, 433 (1954).
[2] JANISTYN: Parf. u. Kosmet. **31**, 3 (1950).
[3] REESE and GUTH: J. Amer. Pharmaceut. Assoc., Sci. Ed. **43**, 491 (1954).
[4] BERESTON: Arch. of Dermat. **59**, 339 (1954).
[5] SALZMANN: Schweiz. med. Wschr. **1944**, 240.
[6] KUSKE: Dermatologica (Basel) **94**, 97 (1947).
[7] HÄRING: Österr. Apoth.-Ztg. **9**, 4, 61 (1955).

verhindert. Statt Glycerin wurde Karion Merck (Sorbit) verwendet, das etwas weniger hygroskopisch und sehr gut hautverträglich ist. Die Stabilität der Emulsion wird durch einen fettfreien Cholesterinhaltigen Emulgator gewährleistet, so daß die „Schüttelmixtur" nur sehr langsam austrocknet und nicht sedimentiert. Der p_H-Wert ist auf etwa 5,0 eingestellt. Die Lotio zeigt ein rosarotes Kolorit und ist bei ambulanter Behandlung auf der Haut nicht auffallend. Klinisch hat sich die sogenannte Achtzehner Lotio nach folgendem Rezept bewährt:

Rp.: Lanette N 3,0
Zink. oxyd. . . . .
Talc. venet. . . . .
Glycerin pur (oder Karion Merck)
Spirit. 70% . . . . aa 18,0
Aqua dest. . . . . ad 100,0

Über eine Sulfonamidschüttelmixtur „*Pyodron*" berichtet W. J. UHLMANN. Im Vergleich mit einer 5%igen Sulfonamid-Lotio zeigte das Präparat deutliche Vorteile, die auf das hydrophile, anorganische, neutrale Kolloidgel bezogen werden.

Auch gegenüber Eiweißstoffen besitzt es ein hohes Bindungsvermögen.

Neue Gesichtspunkte haben HARY, ANDERSON u. HADGRAFT[1] mit ihren gepufferten Schüttelmixturen in der Ekzemtherapie gebracht. Sie gehen von dem Gedanken aus, daß isotone Mixturen mit einem p_H von 4—6 besonders günstig wirken.

Der Puffer besteht aus 31,0 g Natrium-Phosphat und 9,0 g Citronensäure in 830 cm³ Wasser (p_H 5,2) bzw. 30,0 g Phosphat und 10 g Säure in gleicher Wassermenge (p_H 4,4).

Als Beispiel sei angeführt:

Rp.: Paraffin liqu. 10,0
Methylcellulose. 4,0
Glycerin 2,0
Titandioxyd 5,0
Puffer. . . . . ad 100,0

Derartige Mixturen können in jedem Ekzemstadium verwendet werden, sind unseres Erachtens aber keine Schüttelmixturen im Sinne der Definition.

Zinkoxyd und Titandioxyd können in Schüttelmixturen nicht mit Sulfonamiden kombiniert werden. Es bilden sich große Kristalle und die Wirksamkeit sinkt ab (LEHMANN[2]).

Die Herstellung der Schüttelmixturen erfolgt in den Apotheken meist durch Anteigen der festen Anteile mit kleinen Mengen Flüssigkeit und allmähliches Verdünnen. Durch Schnellauf-Homogenisatoren kann das Anreiben erspart, die Herstellung also beschleunigt werden. Die Qualität und Sedimentiergeschwindigkeit wird aber nicht erhöht bzw. gesenkt.

---

[1] HARY, ANDERSON u. HADGRAFT: Pharmaz. J. **118**, 454 (1951).
[2] LEHMANN: J. Suisse Pharm. **45** (1953).

Flüssige Emulsionen

Das Wort „Hautmilch" ist der Firma Mühlens geschützt. Wir müssen daher flüssige Emulsionen zur Hautpflege sagen und freuen uns, daß die Namen „Salben, Puder" nicht auch markenrechtlich jemandem gehören, die Verständigung wäre dadurch erschwert.

SCHNEIDER[1] führt in einer Zusammenstellung die Vor- und Nachteile dieser Arzneiform an. Der Hauptnachteil liegt in der geringen Haltbarkeit. 1949 habe es theoretisch 250 geschützte, derartige Präparate gegeben, es sei aber kein einziges im Handel gewesen. Er bespricht dann die von SCHMALFUSS[2] entwickelte, von Walter Rau, Stuttgart, herausgebrachte Hautmilch auf Basis von Monoglycerid und Fett, die sich jahrelang hält und zwar mit und ohne medikamentösen Zusätzen.

Maniderm-Hautsahne (Salutas), Chem. pharm. Präparate, Stuttgart, enthält:

Methylisopropylphenol, Zinc. oxydat. lev., Calc. Hydr. sol., Ol. ätherea, Emulsio oleosa.

Eine interessante Hautmilch ist ferner *Perlapella*, die aus Pflanzenkernschleim und Triäthanolamin besteht. Sie bewährte sich zur dermatologischen Nachbehandlung entlassener Patienten.

Satina-Hautmilch (Heinrich Mack/Illertissen) auf Satinabasis und *Isabel-Hautmilch* (Imhausen) auf Basis von Monoglyceriden seien kurz erwähnt.

Wie MÜNZEL[3] feststellt, kann die Herstellung des dermatologischen Rezeptes

Rp.: Zinci oxydati   (= ZnO)
Olei alicuius   (= O) } Zinköl

Calcii hydrici soluti (=W) Kalkwasser, schwierig sein.

Als Ölphase wurden Leinöl, Olivenöl, neutralisiertes Olivenöl, Lebertran, Mandelöl, Arachisöl und Paraffinöl untersucht. Sie mißlingen oft unter Wasserausscheidung oder gelten durch Agglomeration von ZnO. zu kleinen Klumpen als nicht lege artis zubereitet. Diese Erscheinungen hängen davon ab, ob einerseits Zinkoxyd zuerst mit Öl oder Wasser benetzt wird. Im letzteren Falle tritt das Oxyd als Antagonist zum Wa/Ol-Emulgator-Calciumoleat auf und zerstört die Emulsion.

Von den Herstellungsmöglichkeiten des

I. (ZnO+W)+O oder
II. (ZnO+ O)+W

ist deshalb II vorzuziehen.

Nach II. hergestellt, ergeben aber nur Leinöl und Lebertran befriedigende Produkte. Für die anderen „Öle" ist Verstärkung der Filmbildung durch Zusatz eines Wa/Öl-Emulgators notwendig. Bewährt haben sich Glycerin-mono-ölsäure-ester (Mono-olein) und Adeps lanae.

---

[1] SCHNEIDER: Fette u. Seifen 53, 4, 219 (1951).
[2] SCHMALFUSS: Fette u. Seifen 52, 26, 100 (1950).
[3] MÜNZEL: Schweiz. Apoth.-Ztg. 24, 929 (1946).

Die Konsistenz der mit Hilfe dieser Emulgatoren hergestellten Produkte ist aber je nach „Öl" cremartig (Leinöl, Lebertran), dickflüssig (Mandelöl) oder gutfließend. Bei den letzten beiden Konsistenzarten sedimentieren die in O dispergierten W und ZnO, da sie spezifisch schwerer sind als O.

Pflaster

Über die Testung von Pflastern und ihre Konstanten kann in den Arbeiten von SCHULEK u. ROSSA[1] sowie von RICHLING[2] nachgelesen werden. Letzterer befaßt sich insbesondere mit der Bestimmung der Klebekraft.

In England gibt es einen Pflaster-Erzeugerkodex, der uns leider bisher nicht zugänglich war.

Der Unterstoff der Pflaster wurde früher ausschließlich aus Baumwolle hergestellt, im Kriege ging man auf Kunstseide, Zellwolle, gekrepptes Papier und Igelitfolien über. Die Zellwolle macht heute bezüglich der Haftfestigkeit der Klebemasse kaum mehr Schwierigkeiten. Sie kann auch auf der bestrichenen Seite leicht aufgerauht werden.

Schwierigkeiten gab es, als das Problem auftauchte, Zellwollgewebe gegen die Masse undurchlässig zu machen. Hierfür sind spezielle Appreturmittel entwickelt worden, die genau wie die zur Verwendung kommenden Farbstoffe keine Kautschukgifte enthalten dürfen.

Bei den Kunststoffolien z. B. Cellophan kommt es darauf an, die Masse auf glatte Oberflächen einzustellen und abzustimmen, damit die Folie auch bei hohen Anforderungen auf bewegten Körperpartien richtig mit dem Unterstoff verbunden bleibt.

Pflastermassen werden meist in Benzin gelöst aufgestrichen. Das Lösungsmittel verdunstet in eigens gebauten Trockensälen. Bei den „kalandrierten" Pflastern wird ohne das feuergefährliche Lösungsmittel gearbeitet, die Trockenräume fallen weg, die Fabrikation wird verkürzt und der Einfluß des Lösungsmittels, der zu unerwünschten Polymerisationserscheinungen führt, wird ausgeschaltet.

Das Verfahren beruht darauf, daß die vorbereitete Masse durch einen Kalander, also einen Mehrwalzenstuhl läuft. Die Walzen laufen verschieden schnell und werden teils gekühlt, teils geheizt. Nach Verlassen des Kalanders wird das Pflaster gestrichen und sofort aufgewickelt.

Marbadal-Vulnoplast (Lakemeier) enthält 10% Marbadal in stark aufsaugender Zellstoffeinlage in Pflasterverbandform.

Hautreinigungsmittel

Allgemeines

SZAKALL[3] hat in interessanten Arbeiten, die uns bei der Zusammenstellung der 3. Auflage nicht vorlagen, darauf hingewiesen, daß auch die „schonenden" neutralen oder schwach sauren Waschmittel mit gewisser

---

[1] SCHULEK u. ROSSA: Pharmaz. Z.-halle Dtschl. 80 (1939).
[2] RICHLING: Mitt d. tech. Versuchsamtes. Wien: Springer 1937, Bd. 26.
[3] SZAKALL: Arb.physiol. 11, 436 (1941). — Fette u. Seifen 52, 3, 171 (1950); 53, 285 (1951).

Vorsicht zu gebrauchen seien. Sie entfetten mehr als Seife und führen zu starker Entquellung, die bis zur Riß- und Schrundenbildung führen können. Die vorteilhafte Wirkung kann nur in Erscheinung treten, wenn nach dem Waschen so intensiv nachgespült wird, daß an Stelle der Entquellung die Quellung durch reines Wasser tritt.

Bei dem Gebrauch von Seife ist die Quellung stärker. Bei gutem Spülen kann die Alkalisierung so in Grenzen gehalten werden, daß innerhalb von 5—10 min eine natürliche Säuerung eintritt. Dauernde Alkalisierung ist nur dann zu befürchten, wenn ungenügend gespült wird oder wenn sehr oft gewaschen werden muß. Beide Waschmittelgruppen haben ihre Vor- und Nachteile. Die letzteren können in beiden Fällen durch die gleiche Maßnahme, kräftiges Spülen, paralysiert werden.

JACOBI[1] hat das ganze Problem der Alkalisierung der Haut durch Seifen und Wasser auf Grund der Literatur und eigener Arbeiten neuerlich aufgerollt und stellte fest, daß auch die Waschungen mit Wasser die Hautreaktion immer noch im Bereich des Sauren, aber doch in Richtung einer Alkalisierung verschieben. Weder Wasser noch Seife sind in der Lage über p_H 7 hinaus das Gleichgewicht zu verschieben (sofern gut nachgespült wird), denn die „Alkalisierung" besteht nicht in einer Alkaliaufnahme, einer Neutralisation, sondern im Ablösen der wasserlöslichen Säuren.

NEUHAUS[2] hat ähnliche eingehende Versuche angestellt und zeigt, daß durch seifenfreie Waschmittel auch die Lipoidregeneration gestört wird, so daß empfindliche Personen nach solchen Präparaten den Schädigungen der Umwelt mehr ausgesetzt sind, als solche, die sich mit Seife waschen.

Soweit die Verfechter der Seifenwaschungen.

BURCKHARDT[3] weist auf die Bedeutung des Waschvorganges hin, referiert Arbeiten über die Störungen der Alkalineutralisation der Haut und erwähnt, daß mit alkalifreien Waschmitteln (Satina, Präcutan) auf breiter Basis gute Erfolge erzielt wurden. GREITHER u. KLEINSCHMITT[4] prüften Satina an ihrem Krankenmaterial und stellten fest, daß dieses Präparat besser als Seife vertragen wird. Die Erfahrungen der Praxis konnten durch Läppchenproben nicht rekonstruiert werden, ein Umstand, der anzunehmen war, aber immer wieder betont werden muß, da oft bedeutende Kliniken Waschmittel statt in vivo sozusagen in vitro testen wollen und ihren verfehlten Schlüssen Bedeutung beimessen. So haben wir es erlebt, daß eine bedeutende Klinik ein Depilatorium durch Läppchenteste auf die Dauer von 48 Std prüfte und damit, wie nicht anders zu erwarten war, in allen Fällen Reizungen beobachtete. Diese Fehlleistung eines jungen Arztes mag noch dahingehen, wenn auf Grund dieses Gutachtens nicht ein Ministerium die Einziehung eines so „reizenden" Mittels verfügt hätte. Bei Läppchenproben muß doch immer darauf geachtet werden, daß der Versuch der Natur entspricht. Ein

---

[1] JACOBI: Hautarzt **2**, 109 (1951).
[2] NEUHAUS: Fette u. Seifen **53**, 9, 552 (1951).
[3] BURCKHARDT: Dermatologica (Basel) **81**, 3 (1940).
[4] GREITHER u. KLEINSCHMITT: Fette u. Seifen **54**, 5, 272 (1952).

Depilatorium hat 5—10 min einzuwirken, ein Versuch über die 300 fache Zeit kann nur zu Reizungen führen.

Sowohl die Seifen wie auch die alkalifreien Waschmittel kann man durch Hautschutzstoffe von ihren ungünstigen Eigenschaften bis zu einem gewissen Grade befreien. Hierbei ist die Bezeichnung „hautfreundlich" besser gewählt als „hautschützend". Die Substanzen, die STÜPEL[1] aufzählt, rekrutieren sich aus ganz verschiedenen chemischen Gruppen und wirken auch verschieden. Es sind dies:

1. Gerbstoffe (Dermolane von Jäger).
2. Fettsäureester mit überfettender oder rückfettender Wirkung (Imhausen).
3. Carboxymethylcellulose.
4. Polyacrylkondensate.
5. Metaphosphate (Dulgon Benckiser).
6. Eiweißfettsäurekondensate.

Dermolan R ist ein sulfoniertes Thianthren und Dermolan J ein Kondensationsprodukt aromatischer Sulfosäuren. Die Fettsäureester E-47-H und O-48-G (Imhausen) werden von CARRIE u. NEUHAUS[2] empfohlen. KÖHLER u. HERRMANN[3] bezeichnen sie als rückfettend.

Cellulosederivate wurden auch neuerdings empfohlen, sie stehen wie die Phosphate schon seit Jahren im Gebrauch.

Physiogen ist ein Gemisch von Ketonen und Acetalen und ist nach NEUHAUS[4] in der Lage, das Fermentsystem der Haut so zu beeinflussen, daß die Lipoidregeneration schneller verläuft. In den Seifen von ELLENDORF ist dieser Schutzstoff beigefügt.

Die Beurteilung der Überfettungsmittel der Seifen hat in den letzten Jahren eine gewisse Wandlung erfahren; ursprünglich hat man freie Fettsäuren zugefügt, um das überschüssige Alkali abzufangen. Dies gelingt aber nicht, da auf diese Art die in Wasser auftretenden OH-Ionen nicht beeinflußt werden. Andererseits sind und waren wir immer der Ansicht, daß zugesetztes Neutralfett in Seifen beim Waschvorgang als Emulsion nur in Milligrammdosen zur Verfügung steht und daß davon nur kleinste Bruchteile auf die Haut aufziehen können.

Auf Grund der Arbeiten von SCHNEIDER u. SCHÄDEL[5] sowie CARRIE u. NEUHAUS[2] stehen wir nun unter dem Eindruck, daß die fetten Schutzstoffe zwar nicht aufziehen, wohl aber die Abemulgierung des Hautfettes erschweren. Die geschützte Seife nimmt nicht alles Hautfett auf und wirkt so milder. Es wäre noch zu prüfen, ob dies mit einem verminderten Wascheffekt verbunden ist.

Bisher hat man auch die Händewaschmittel großenteils an Textilien durch künstliche Verschmutzung getestet. BLAICH u. GERLACH[6] haben nun eine Methode ausgearbeitet, derzufolge das Hautwaschmittel auf der

---

[1] STÜPEL: Chemiker-Ztg. **1953**, 23.
[2] CARRIE u. NEUHAUS: Zbl. Hautkrkh. **7**, 9, 333 (1949).
[3] KÖHLER u. HERRMANN: Dermat. Wschr. **1950**, 49—57.
[4] NEUHAUS: Zbl. Hautkrkh. **12**, 81, 6 (1952).
[5] SCHNEIDER u. SCHÄDEL: Dtsch. med. Wschr. **1949**, 191.
[6] BLAICH u. GERLACH: Fette u. Seifen **57**, 1 (1955).

Haut selbst, unter sicher reproduzierbaren Bedingungen, bewertet werden kann. Es wird immer dieselbe Anschmutzung vorgenommen und der Waschvorgang ist mechanisiert, so daß nunmehr experimentelle Unterlagen zur Überprüfung der Reinigungswirkung gegeben sind.

Satina (Heinrich Mack/Illertissen). Über dieses Präparat hat Ruf[1] publiziert. Seinen Ausführungen zufolge ist die Reinigungswirkung 1,5—2mal so groß wie die der Seife. Es wird insbesondere darauf verwiesen, daß Satina in flüssiger und fester Form in den Handel kommt und auch mit einem Desinfiziens verarbeitet ein Handelspräparat darstellt. Dieses *Satinasept* enthält als Desinfektionsstoff 2% Hexachlorophen, das gegen Grampositive Kokken, ferner Coli- und Typhusbakterien wirksam ist. Das p_H beträgt 6,9. Die Abtötung der genannten Krankheitserreger erfolgt nach 3—10 min im Waschversuch. Eigene Untersuchungen bei infizierten Kopfekzemen zeigten gute Verträglichkeit.

Desinfizierende Seifen

Die Invertseifen, wie das *Septin*, können nach Hagermann[2] bei Impetigo und ähnlichen bakteriellen Dermatosen eingesetzt werden. Silvestri[3] empfiehlt das Phenoxyäthyldimethyldodecylammoniumbromid bei eitrigen Dermatosen.

Die Invertseifen werden vorwiegend als Desinfektionsmittel, nur selten als Waschmittel eingesetzt. Zu bedenken ist immer, daß Invertseifen und die echten Seifen entgegengesetzt geladen sind. Bei gemeinsamer Verwendung heben sich die Wirkungen auf.

In den letzten Jahren wurden Seifen mit 2,2'-Dioxy-3,5,6,-3,5,6,-Hexachloridphenylmethan (DHD) von Amerika aus als desinfizierende Seifen eingeführt. Cade[4] hat den Wirkstoff nach einer neuen Methode geprüft. Gump[5] hat ihn chemisch ausgearbeitet und Palmer[6] berichtet zusammenfassend. In Deutschland wird eine derartige Seife vom Dreiturmwerk Schlüchtern hergestellt.

Pedersen u. Perdrup[7] weisen auf den Vorteil solcher Seifen für die Chirurgie hin. Der Waschvorgang wird von 10 auf 3 min verkürzt.

Erwähnt wurde oben das *Satinasept* von Mack/Illertissen, das auf Grund umfassender Versuche in der Chirurgie als Schnellwaschmittel eingesetzt werden kann.

Sandopane N und -A (Sadoz, Basel) stellen wäßrige Lösungen von „Abkömmlingen" höherer Alkohole dar. Sie sollen so starke Waschmittel sein, daß sie sogar Lanolinvaseline beseitigen und im allgemeinen recht gut vertragen werden (Gonin[8]).

[1] Ruf: Zahnärztl. Rdsch. **63**, 8 (1954). — Fette u. Seifen **52**, 352, 300 (1950). — Dtsch. Apotheker-Ztg. **1954**, 8.

[2] Hagermann: Svensk Läkartidn. **39**, 2265 (1951).

[3] Silvestri: Dermatologica (Basel) **3**, 137 (1952).

[4] Cade: Soaps and Sanitary Chemicals, Issue July 1950.

[5] Gump: Sonderdruck der Givaudan Delaware Corp. New York 1948.

[6] Palmer: Germicida, Antiseptics, and Desinfectants for Hospital Use. New

[7] Pedersen u. Perdrup: Ugescrift f. Laeger **114**, 235 (1952).

[8] Gonin: Dermatologica (Basel) **94**, 38 (1947).

Durch Zusatz von 1 % Tetramethylthiuramidisulfid wird nach VINSON[1] der antiseptische Effekt von Seifen gesteigert. Das Präparat hat ein breites Spektrum, ist gut verträglich und verfärbt die Seife nicht. *Lavol-Sauerölschaum* (G. W. Burkhard, Frankfurt/Main) enthält Perodin (stabilisierte Rhodanwasserstoffsäure) mit bakteriostatischem Effekt. Das Mittel hat sich ähnlich wie *Präcutan* als Reinigungsmittel bei verschiedenen Hautkrankheiten besonders bei Kopfseborrhoe und Pyodermie gut bewährt.

Arztseife ,,Beiersdorf'' enthält einen Hexachlorophenzusatz von hoher bactericider Aktivität zum Gebrauch in der ärztlichen Praxis und im Operationssaal. Über praktische Versuche betreffend die Reduktion der Hautbakterienflora bei Anwendung germicider Seife zur Operationsvorbereitung berichtet H.-J. FREISE[2].

Warta-Seife wird mit Imhausen-Hautschutzstoff geliefert.

Medikamentöse Seifen

An *medikamentösen Seifen* sind ferner im Handel: *Schwefelseife Beiersdorf* mit 10% Schwefelzusatz, *Schwefelteerseife* (10 und 5%ig), *Teerseife* 5%ig. Ferner von ,,Blücher-Schering'' eine überfettete reine Seife mit 5% Schwefelteer, eine Schwefelseife mit 10% kolloidem Schwefel. *Schwefelteerseife* (Sulfotar).

Nun das Repertoir von Dr. Ellendorff: *Aknosap* ist eine überfettete Seife mit formalinhaltigem Marmorstaub. Sie enthält außerdem Sulfonate, Alkohol und Stearate.

Prolergan Seife 0,01% Luvistin (C. F. Boehringer & Söhne) als Undecylenat, 0,2% Physiogen. Indikation: Allergien.

Rote Schwefel Seife: 0,6% Zinnober, 0,25% Schwefel, 0,01% Luvistin (C. F. Boehringer & Söhne) als Undecylenat, 0,2% Physiogen. Indikation: Acne, Rosacea.

Antallerg Seife: 0,01% Luvistin (C. F. Boehringer & Söhne) als Nicotinat, 0,02% Physiogen. Indikation: Allergien.

Teer-Schwefel Seife: 5% Neoplesiol (Stockhausen), 1% Schwefel,0,01% Luvistin (C. F. Boehringer & Söhne) als Undecylenat, 0,2% Physiogen, Indikation: Ekzeme, Psoriasis.

Thymol-Phenol Seife: 1% Thymol, 1% Phenol, 0,01% Luvistin (C. F. Boehringer & Söhne) als Undecylenat, 0,2% Physiogen.

Kamille-Borax Seife: 2% Kamille-Extrakt, 1% Borax, 0,01% Luvistin (C. F. Boehringer & Söhne) als Undecylenat, 0,02% Physiogen.

Medizinal-Präcutan (Chemische Fabrik, Stockhausen) ist eine etwa 33% wäßrige Lösung der Natriumsalze von Oxystearylsulfat und Oleylmethyl-taurid, es hat sich in ausgedehnten Versuchen als reizloses Waschmittel auch bei empfindlichen Hautkranken bewährt.

Phaemosan-Hautschutzseife (Imhausen-Werk GmbH.). Pilierte 80%ige Feinseife mit 7,5% Imhausen-Hautschutzstoff 0/48 G.

---

[1] VINSON: Soaps, Sanit. Chemicals **30**, 4, 44 (1954).
[2] FREISE: Med. Klin. **51**, 5, 184 (1956).

Als milde überfettete reine Seife mit Zusatz von 2% Wismutoxy-
chlorid ist die *Markasit-Seife* (Beiersdorf) im Handel, die bei leichten
Acnefällen und Hyperpigmentierungen empfohlen wird.

Die mit dem aus höherpolymeren Phosphaten bestehenden *Dulgon* erzielten günstigen Ergebnisse (wasserweichmachende Wirkung, Vermei-
dung des Waschverbotes bei Hautkranken, Ermöglichung des Waschens
von empfindlicher und durch Beruf beanspruchter Haut) führten zur
Entwicklung der *Dulgon-Seife*. Sie besteht aus einer besonders hautverträglich zusammengesetzten Grundseife, der 6% Dulgon beigegeben
ist. Der Gehalt an freiem Alkali ist außerordentlich gering und ihre ent-
fettende Wirkung auf ein Minimum beschränkt. Die Parfumierung ist so
hautschonend wie möglich gehalten.

Einen neuen Weg, Pilz- und Bakterienkrankheiten vor allen Dingen
im Bergbau mit einer Seife zu bekämpfen gibt H. WILDE[1] an. Der Autor
benutzt die *Skinol-Seife* (Sunlicht AG), vertrieben durch Unikura, Hamburg. Die Seife wirkt antimykotisch und antibakteriell. Zusammensetzung nicht angegeben. Der Prozentsatz der Hautreizung lag unter 1%.

Zinkleim und ähnliches

Die Klebrobinden von W. J. Teufel in Stuttgart basieren nicht auf der
Zinkleimbasis, sondern bestehen aus einem Spezialkreppstoff, der mit
einem nicht gefüllten Bleipflaster, dessen Klebekraft durch Zusätze von
Harzen und Balsamen verstärkt wurde, imprägniert ist. Das Haupt-
anwendungsgebiet liegt in den Sport- und Arbeitsverletzungen der unte-
ren Extremitäten. Verbände mit Klebro empfehlen sich auch zur Behandlung des varicösen Symptomenkomplexes.

Bei der Herstellung des Zinkleimes kann das Glycerin zum Teil oder
vollständig durch Karion Merck ersetzt werden. Der Leim, der mit
Karion flüssig Merck hergestellt wurde, wird härter als der DAB VI-
Zinkleim. In den ersten 3 Tagen tritt noch kein Unterschied auf, wohl
aber später. Man hat auf diese Art die Möglichkeit weitgehend zu variieren (H. CZETSCH-LINDENWALD[3]).

Der Zusatz von Nipagin zum Zinkleim erweist sich, wie wir bei der
Großherstellung der DAB-Ware oft erfahren mußten, als unbedingt nötig,
da sich sonst auf unserem Präparat an der Oberfläche ein Schimmelrasen
bildete.

Auch bezüglich der Aufbewahrung werden zukünftige Arzneibücher
Vorschriften erlassen müssen. Durchlässige Gefäße, z. B. imprägnierte
Pappdosen lassen den Wasseranteil verdunsten, so daß im Laufe weniger
Wochen eine 1-kg-Dose nur mehr 850 g wiegt.

Schaumstoffe

Fibrin, Serum und Gelatinelösungen werden nach verschiedenen, insbesondere amerikanischen Patenten, schaumig geschlagen und bei
Zimmertemperatur steril getrocknet. Der poröse, getrocknete Schaum

[1] WILDE, H.: Medizinische 7, 262 (1956).
[2] CZETSCH-LINDENWALD, H.: Dtsch. Apotheker-Ztg. 1954, 433—436.

wird in Stücke geschnitten und von verschiedenen Firmen in den
Handel gebracht.

Fibrospum Nordmark, sei als Beispiel angeführt, da wir es zur Blut-
stillung bei nivellierten Ulcera, sowie operativ und traumatisch gesetzten
Hautläsionen prüften. Der Schaum scheint die bindegewebige Organisa-
tion des Wundbettes zu beschleunigen. Nach KIPPING[1] zerfallen an den
Berührungspunkten die Blutkörperchen. Dadurch wird Thrombokinase
frei und der Vorgang der Blutgerinnung auf fermentativen Wege ein-
geleitet.

Gelfoam ist ein Gelatineschaum.

Gelco des serotherapeutischen Institutes Mailand, das DOGO[2] empfiehlt,
besteht aus Gelatine, Glutin, Oxyprolin und 5% Sulfonamid.

Wundtextilien

BARON hat sich als erster mit dem Studium des Einflusses der chemischen und physikalischen Bearbeitung von Wundtextilien beschäftigt.
Avivage, Appretur und Faserglätte sind von außerordentlicher Bedeutung für die Wundheilung und die Unterschiede können bei der Prüfung
von Wundheilmitteln zu ganz unerwarteten Resultaten führen.

BARON empfiehlt an Stelle des üblichen Mulls insbesondere das neue
Material ,,verstoffte Zellwolle'' von Lohmann. Man muß dem Verbands-
material und dessen Prüfung dieselbe Wichtigkeit beimessen, wie den
Salben und Pudern.

An Hand von verschiedenen Mullproben zeigt der Autor, daß das
stärkere Garn besser als das schwächere, größere Maschen ungünstiger
als kleinere und ein achtschichtiger Mull vorteilhafter als ein sechzehn-
schichtiger ist. Neben diesen physikalischen Einflüssen spielen aber auch
chemisch-physikalische Faktoren eine Rolle. Sie betreffen die Frage der
Verwendung von Zell- oder Baumwolle, das Problem der optimalen
Avivage und die Bedeutung der resorbierbaren Verbandstoffe für die
Wundheilung. Die Zellwolle hat sich der Baumwolle gegenüber als überlegen gezeigt. Bezüglich der Wundsekretaufnahme steht sie der Baumwolle nicht nach, die Wundreizung ist bei Zellwolle schwächer. Die zur
Zeit üblichen Aviviermittel aus der Sorominreihe zeigten bei drei untersuchten Präparaten eine starke Schädigung des Wundheilvorganges.
Achtschichtiger mit Titandioxyd avivierter Zellwollmull zeigte gegenüber
einem solchen ohne Titandioxyd Wundreizung und Ödemneigung.

Die bisherigen Ergebnisse zeigen, daß die Vielzahl der Verbandstoffe
durch eine Vereinheitlichung in Fortfall kommen muß. Es sollen Gewebe
zur Verwendung gelangen, die chemisch und physikalisch das Optimum
darstellen. Dazu ist eine gewisse Normung und Standardisierung dringend
notwendig. Wenn auch die Belange der Textilindustrie einer solchen For-
derung noch im Wege stehen, so wird die praktische Durchführung dieses
Gedankens im Hinblick auf die klaren wissenschaftlichen Erkenntnisse

---

[1] KIPPING: Mat Med. Nordmark **5**, 17 (1953).
[2] DOGO: Arch. ital. Dermat. **24**, 264 (1951).

auf die Dauer nicht zu umgehen sein. Denn am Ende unterstehen auch die Verbandstoffe als *Heilmittel* den gleichen pharmakologischen und toxikologischen Gesichtspunkten, die schlechthin für alle übrigen Heilmittel ebenso Geltung haben.

Die resorbierbaren Verbandstoffe sind noch nicht optimal und übten eine bemerkenswerte Einheilungsverzögerung gegenüber gleich großen Mengen reinen Zellwollmulls aus. Ferner bewirkten sie eine Ausheilungsverlangsamung bei Wunden, die im Einpflanzungsbereich nach etwa 10 Tagen gesetzt waren, wenn man eingepflanzten Zellwollmull als Gegentest benutzte.

Nun zu einigen resorbierbaren Verbandstoffen der Industrie:

Oxycel (Parke, Davis & Co., Detroit, Mich. USA) erwies sich günstiger als *Calgitex* (Medical Alginates Ltd.) Ein- und Ausheilung verliefen unter geringeren Störungen. Die klinisch erprobte hämostyptische Wirkung des Oxycels dürfte auch durch die Ödemneigung im Einpflanzungsbereich erklärt sein.

Zur Stillung parenchymatöser Blutungen wird unter den heute gebräuchlichsten Tamponaden von GUDERLEY[1] der resorbierbare Cellulosemullstreifen *Sorbacel* (Wander, Bern) empfohlen. Er wird wie ein Verbandmull verwendet und besonders schnell resorbiert.

Ein neues Problem auf dem Gebiet der Wundtextilien ergibt sich durch die moderne Anwendung der sogenannten optischen Aufheller, die als Zusatz zu den Textilien selbst wie auch zu den Waschmitteln eine Weißtönung der Stoffe bewirken. Nach den Arbeiten von BARON[2], RIEDEL[3] und SCHNEIDER u. MIRUS[4] sollte die Verwendung der optischen Aufheller bei Wundtextilien unterlassen werden (verzögerte Wundheilung, evtl. Resorption). Bei intakter Haut dagegen sind nach SCHNEIDER[5] Schäden nicht zu befürchten.

Badeextrakte

Kalmuswurzeln, Fichtennadeln, verschiedene Rinden, Kamillen und viele andere Heilpflanzen und deren Teile, werden zu Extrakten verarbeitet. Über die Herstellung hat PEYER vor über 20 Jahren berichtet und genaue Richtlinien ausgearbeitet.

Ein Badeextrakt im therapeutischen Sinne enthält alle Wirkstoffe einer Heilpflanze oder eines Heilpflanzenteiles in einer Menge, die einen Erfolg erwarten läßt.

Fichtennadelbäder, z. B. werden so hergestellt, daß aus den zerhackten bis kleinfingerdicken, nadeltragenden Zweigen zunächst durch Wasser-

---

[1] GUDERLEY: Zbl. Chir. **39**, 1677 (1953).

[2] BARON: Arzneimittel-Forsch. 2, 12 (1952). — Zbl. Chir. **75**, 257 (1950). — Ärztl. Forsch. 4, I. 596—600 (1950). — Verh. der Vereinig. Niederrh.-Westf. Chir. 102. Tagg., Düsseldorf 1950. — Therapiewoche 2, 379—380 (1952). — Über das Wundheilmittel Verbandmull. Krk.hausarzt 25, H. 3, 5, 6 (1952). — Berufsdermatosen 4, H. 1. (1956).

[3] RIEDEL, E.: Dtsch. Apotheker-Ztg./Süddtsch. Apotheker-Ztg. **1954**.

[4] SCHNEIDER, W., u. MIRUS: Arch. f. Dermat. **199**, 401 (1955).

[5] SCHNEIDER, W.: Berufsdermatosen **3**, H. 6 (1955).

dampf das ätherische Öl abdestilliert wird. Dann wird dem ölfreien
Pflanzenmaterial mit heißem Wasser der Gerbstoff, die Zucker und sonstigen, wasserlöslichen Anteile entzogen. Der Extrakt wird im Vakuum
eingedickt und dann mit dem Öl, in dem in der Pflanze vorhandenen
Verhältnis gemischt. Er dient therapeutisch zur Ergänzung des Öles,
physikalisch gesehen als Emulgator.

Es wird nun immer wieder versucht, die Kochabwässer der Pappen-
fabrikation, also Holz- und nicht Nadel- und Zweigextrakt einzudicken,
mit Öl zu vermengen und dieses Produkt als Fichtennadelbade-Extrakt
in den Handel zu bringen. Wir halten dieses Vorgehen für eine Fälschung.
Die Zweigrinden und Nadeln enthalten andere Stoffe, insbesondere Gerbstoffe, als das Holz und nur erstere erfüllen die Vorschriften des Er-
gänzungsbandes zum Arzneibuch.

Die Dehydag gibt in ihren Rezeptvorschriften Hinweise, wie man
„Fichtennadelbade-Extrakt" herstellen kann.

Ein Rezept als Beispiel:

<pre>
     Rp.: Oleum Pini pum. sive silvestri . .   60
          Alkoholis isopropylici   10
          Texaponextrakt . . . . . . ad   100
</pre>

Dies gibt eine gute Badeemulsion, die man mit Chlorophyll oder dem
so beliebten Fluorescin färben kann. So ein Bad ist ein kosmetisches Bad
und kein Badeextrakt. An den Richtlinien sollte, um ein Durcheinander
zu vermeiden, festgehalten werden.

Wir haben also drei Möglichkeiten:

1. Fichtennadelbade-Extrakt nach dem Erg.-Band zum DAB. VI.

2. Verfälschungen desselben von mehr oder minder gutem Aussehen,
Wirkung und Appetitlichkeit.

3. Kosmetische Bäder, die erfrischen, an Farbe und allenfalls im Geruch den Medizinalbädern überlegen, therapeutisch aber nicht entsprechend sein können.

Ähnliche Verhältnisse finden wir bei Kamillen-, Kalmus- und sonstigen
Badeextrakten (Czetsch-Lindenwald[1]).

Moorbäder

Es ist zweifellos ein Verdienst der Moorbäder, insbesondere des Moor-
bades Neydharting, festgestellt zu haben, daß nicht die festen Anteile,
sondern die gelösten, einschließlich des Schwebestoffes, Träger der Wirkung sind. Der Versand der Wirkstoffe ist dadurch einfacher und die
Therapie, die dermatologisch nur am Rande interessiert, ist auch außerhalb der Kurorte möglich.

Leider scheint z. B. das oben erwähnte Moorbad von einem werbe-
technisch sehr guten, aber weit übers Ziel hinausschießenden Kurdirektor
und nicht von Wissenschaftlern beeinflußt zu werden, denn die Propaganda für die Moorkosmetik geht weit über jedes Maß hinaus. Bei Moor-
Zahnpasten, -Haarwässern, -Hautcremes und -Käse kann man sich eines

---

[1] Czetsch-Lindenwald: Pharmaz. Ind. 15, 380 (1953).

Schauders nicht erwehren und man wundert sich, daß es nicht auch den vielen Autoren ängstlich zu Mute wird, die sich für den Schwebestoff eingesetzt haben.

Schwefelbäder

sind umso wirksamer, je feiner verteilt der Schwefel im Wasser vorliegt. Die größte Dispension liegt in den kolloiden Lösungen vor, die auf verschiedenen Wegen bereitet werden können.

Polysulfidlösungen sind stark alkalisch und werden durch die Verdünnung mit dem Badewasser 1:10000 z. B. so verdünnt, daß die kolloide Lösung sich in eine ,,Schwefelmilch" verwandelt. Es fallen Schwefelteilchen in sehr feiner Suspension, aber auch sehr großen Verdünnung, aus.

Die andere Möglichkeit ist die: Man stellt eine sehr konzentrierte Schwefelmilch durch Neutralisation von Polysulfiden mit Säuren her und läßt das abgetrennte Konzentrat in Gegenwart von Emulgatoren durch wasserfreies Natriumsulfat aufsaugen. Nach erfolgter Trocknung kann man die Masse pulverisieren und gegebenenfalls tablettieren.

Wie bei allen Bädern, muß auch beim Schwefelbad, soll es therapeutisch wirksam sein, genügend Wirkstoff, mindestens 10 g pro Vollbad zur Verfügung stehen. Bei den flüssigen Konzentraten ist diese Menge nur in Ausnahmefällen gewährleistet.

In Deutschland sind neben der *Vlemingkxschen Lösung* (Liquor Calcii sulfurati) noch folgende Schwefelbäder gängig:

Schwefelbad Dr. Klopfer,
Pino Schwefelbade-Extrakt,
Sulfmutatbad Bastian,
Sulfnascenbad Bastian,
Sulfactolbad Rassau,
Schwefelbad jodhaltig Schlüter,
Schwefelbad Feilbach.

Hoecutanbad besteht aus einem Emulgator, Salbeiöl, Chlorophyll und Ammoniumsulfoichthyolicum, LOHEL[1] verwendete es bei Ekzemen, Dermatitiden und Ulcus cruris.

Das *Kolloidbad*, das KIERLAND[2] empfiehlt, besteht aus einer gummiähnlichen, kolloiden Fraktion des Hafermehles mit hohen Vitamin B-Gehalt. Man schwemmt es in warmen Wasser auf.

Badesalze

bestehen aus einem Grundstoff; es sind dies durchwegs anorganische Salze, die die Wirk-, Duft- und Farbstoffe aufsaugen. Dermatologische Wirkung kommt ihnen nur in geringem Ausmaße zu, sie können aber das Allgemeinbefinden heben und so indirekt therapeutisch eingreifen. Als Grundstoffe kommen in Frage:

---

[1] LOHEL: Dtsch. Gesundheitswesen **1951**, 1225.
[2] KIERLAND: Arch. of Dermat. **63**, 502 (1951).

1. Neutrale, nicht enthärtende Salze; Natriumchlorid, Natriumsulfat mit und ohne Kristallwasser. Magnesiumsulfat mit und ohne Kristallwasser, Natriumbisulfat.

2. Alkalische, enthärtende Salze; Natriumcarbonat, Natriumbicarbonat, Natriumtetraborat.

Die leichtverwitternden Salze, die Kristallwasser enthalten, werden durch Glycerin oder Glykol geschützt. Allenfalls kann die Farbstofflösung mit Gummi arabicum versetzt und die Kristalle damit dragiert werden. Die Kristalle werden so jeweils nur oberflächlich gefärbt und parfümiert.

Öle

NEUMANN[1] konnte zeigen, daß aus fetten Ölen, sofern ätherische Öle als Gleitschiene wirken, beachtliche Mengen von basischem Chinin durch die unverletzte und unvorbereitete Haut hindurch resorbiert werden (Transpulmin-Balsam).

Zinköle

sehen je nach Herstellung sehr verschieden aus. MÜNZEL[2] weist darauf hin, daß diese Unterschiede Funktionen der Benetzung sind. Je kleiner die Säurezahl, desto schlechter die Benetzung. Für die Praxis werden Öle mit Säurezahlen zwischen 5 und 7,5 empfohlen.

FIEDLER[3] hat festgestellt, daß Hautöle, die ungesättigte Fettsäuren enthalten, schlecht haltbar sind, die Autooxydation schreitet fort. Man soll dies berücksichtigen und folgende Punkte beachten:

1. Nur zuvor geprüfte und für gut befundene Rohstoffe für die Herstellung des Hautöles verwenden.

2. Das Herantreten von Luftsauerstoff nach Möglichkeit vermeiden.

3. Selbst Spuren von Wasser dem Öl fernhalten.

4. Die verschiedenen Zusätze, insbesondere die Duftstoffe zuvor untersuchen und sie, sofern sie oxydationsfördernd sind, ausschließen.

5. Dem Hautöl gegebenenfalls einen als oxydationshemmend bekannten Stoff zusetzen, dessen therapeutische Wirkung, bzw. Verträglichkeit mit den übrigen Bestandteilen allerdings vorher bekannt sein muß.

Wie kompliziert die Dinge bei der Herstellung von flüssigen Emulsionen sein können, zeigt MÜNZEL[4] am Linimentum Therebintinae comp. Ph. H. V.

Dem Liniment liegt folgende Vorschrift zu Grunde:

Rp.: Oleum Olivae	20	T.
Acidum oleinicum	5	,,
Kalium carbonicum depur.	0,7	,,
Camphora	5	,,
Oleum Terebinthinae	25	,,
Sapo kalinus	3	,,
Aqua	61,3	,,

[1] NEUMANN: Medizinische 1954, 1312.
[2] MÜNZEL: Pharm. Acta Helvet. 24, 402 (1949).
[3] FIEDLER: Klin. Wschr. 1940, 229.
[4] MÜNZEL: Bull. Galenica 16, 128 (1953).

Das Verfahren zur Herstellung ist kompliziert, da das Liniment durch
Phasenumkehr entsteht. Arbeitet man nicht genau nach Vorschrift und
bedient man sich moderner maschineller Hilfsmittel, so tritt die Umkehr
nicht ein und Versager sind die Folge. Andererseits kann man durch
moderne Zusätze die Umkehr beschleunigen und verbessern. Die neue
Vorschrift lautet:

> **Rp.:** Oleum Olivae (aut Oleum pingue)   12,5 T.
> Oleum Terebinthinae . . . . . .   20,0 „
> Camphora . . . .   4,5 „
> Acidum oleinicum . . . .   9,0 „
> Triäthanolaminin (Suppl. II) . . .   2,5 „
> Aqua . . . .   51,5 „

4,5 T. Campher werden in 20 T. Terpentinöl gelöst und dieser Lösung
die Mischung von 12,5 T. Olivenöl und 9,0 T. Ölsäure zugemischt. In diese
Mischung wird unter Rühren mit einem Pistill oder mit einem Schnee-
besen die Hälfte der Lösung von 2,5 T. Triäthanolamin in 51,5 T. Wasser
in drei gleichen Portionen und hierauf die zweite Hälfte in dünnem
Strahle einemulgiert. Noch vor Beendigung der Zugabe der letzten Anteile der Triäthanolaminlösung muß Phasenumkehr eintreten. Nach ein-
tägigem Stehenlassen wird nochmals durchgeschüttelt.

Diese Arbeit ist nicht nur wegen des Erfolges mit der neuen Vorschrift
von Interesse, sondern vorwiegend weil sie die Möglichkeiten der Galenik
und deren Anwendung in geradezu klassischer Weise zeigt.

Zinköle cremeartiger Konsistenz sind in Salbentöpfen zu dispensieren.
Die Ölabscheidung (Sedimentation) kann durch Verreiben in einem
Walzenstuhl verhindert werden. Die Abgabe in Metalltuben darf nur
nach Überprüfung der Lagerfähigkeit erfolgen, da Metallspuren zur Er-
härtung der Anreibung führen können.

Lösungen

Die Zahl der Lösungen, die therapeutisch eingesetzt werden, kann
natürlich nicht eingehend besprochen werden. Therapeutisch und galenisch bieten sie keine besonderen neuen Gesichtspunkte. Soweit erforderlich, sollen sie im folgenden zitiert werden. Zunächst das Lösungsmittel
Isopropylalkohol. Es findet an Stelle von Äthylalkohol zur Haut und
Händedesinfektion, sowie zur Herstellung von Haar- und Gesichts-
wässern Verwendung. Hautschäden wurden nach BÖHM[1] nicht beobachtet, wohl aber sind eingeatmete Dämpfe nicht ungefährlich und können
komatöse Zusätze verursachen (McCORD u. Mitarb.[2]).

Nun zu einzelnen Wirkstoffen: 20% *Podophyllin* in 90%igem Alkohol
dem 10% Kollodium zugesetzt wird, damit die umliegende gesunde Haut
geschützt ist, bewährte sich nach CANAVA[3] zur Ätzung spitzer Kondy-
lome.

---

[1] BÖHM: Med. Klin. **1949**, 29.
[2] McCORD u. Mitarb.: J. Amer. Med. Assoc. **138**, 12, 920 (1948).
[3] CANAVA: Vestn Venerolog. **3**, 52 (1950).

Colchicin 1%ig in Chloroform hat HARTMANN[1] bei Warzen schmerzlos und mit gutem Erfolg angewendet. Zinkchloridlösungen dienen nach SCHREUS als Ätzmittel bei Lupus vulgaris.

Die *Antibiotica* können selbstverständlich alle in Lösungen verwendet werden. Es empfiehlt sich jeweils Frischbereitung. WULF[2] erwähnt z. B., daß 0,25%iger Aureomycinspiritus bei Acne necroticans, Foll. barbae und sekundär infizierten Kopfekzemen empfehlenswert sei. Der Autor hat festgestellt, daß die Lösung durch 60 Tage, für die Therapie ausreichend, stabil bleibt.

10% *Glykokoll* in Tutofusinlösung bzw. in Harnstoffpuder wurde von der chirurgischen Klinik in München zur Beschleunigung der Wundheilung herangezogen. Die Wirkung war günstig. Schäden wurden nicht beobachtet (FARGEL[3]).

Olha ist ein Arnica-Eisenchloridkollodium, das auf der Haut durchsichtig eintrocknet. Nach Laparatomiewunden wird nicht jodiert, sondern mit Olha behandelt. Nach 8—12 Tagen blättert es ab[4].

Spraylösungen

Bestimmte Lösungen sind geeignet unter gewissen Bedingungen durch die Haut einzudringen. Bei der *Hypospraytherapie* z. B. wird eine Vorrichtung gebraucht, die Injektionen ohne Nadel durch die Haut hindurchschießt. Eine starke Feder bewerkstelligt dies über einen Kolben. Die Anwendung dieser Therapie bei Mykosen, Mikrosporie, bei denen ein tiefes Eindringen am Platze ist, erscheint empfehlenswert.

Größere Bedeutung besitzen Spraylösungen, in denen der Wirkstoff in Chloräthyl gelöst aus einer Spezialflasche aufgeblasen wird. KAISER[5] und KADEN[6] setzen sich für Teerspray ein.

Als Präparate sind: *Dermaethyl* und Dermaethyl A (Medici, Iserlohn) zu nennen. Ersteres enthält Steinkohlenteer und Resorcin, sowie Ricinusöl. Letzteres Acridinverbindungen, Azulen, Ricinus- und Hypericumöl. Als Basis dient Chloräthyl.

Prurithyl (Wedel, Berlin) besteht aus Pix lithanthracis, Resorcin und Fetten. Als Lösungsmittel dient gleichfalls Äthylchlorid.

Cortisonacetat hat GOLDMANN[7] bei verschiedenen Lupusarten in Sprayform versucht, die Erfolge waren gering.

Cellichnol (Täschner, Kipfenberg/Bayern) ist eine 35%ige Holzteertinktur, der die unerwünschten Anteile schon bei der Destillation entzogen wurden. Nach HOOG[8] sind die Hauptindikationen Mykosen und subakute Ekzeme.

---

[1] HARTMANN: Hautarzt **2**, 422 (1951).
[2] WULF: Dermat. Wschr. **1952**, 921.
[3] FARGEL: Ärztl. Prax. **3**, 33 (1951).
[4] KAUSENHOFF: Chirurg **1948**, 527.
[5] KAISER: Zbl. Hautkrkh. **10**, 103 (1951).
[6] KADEN: Zbl. Hautkrkh. **11**, 218 (1951).
[7] GOLDMANN: Arch. of Dermat. **65**, 177 (1952).
[8] HOOG: Zbt. Hautkrkh. **11**, 215 (1951).

Ekzemyl (Hennig, Berlin) ist ähnlich zusammengesetzt wie die übrigen Teersprays. Eine ganze Anzahl von Arbeiten über das Präparat erschien seit 1935.

Kunststofflösungen sind als flüssige Verbandhilfe, sozusagen als Nachfolger der Mastixlösungen durch das *Mirasol* Mack bereits seit einigen Jahren bekannt. Die AB-Bofors hat Acrylharzlösung in Äthylacetat in Sprühdosen herausgebracht. Als Druckmittel dient Freon, ein Chlor-Fluor-Kohlenwasserstoff. Die Lösung kann vor und nach Operationen verwendet werden. Eine Reihe von schwedischen Arbeiten werden in den Publikationen von ELLERKER[1], EKENGREN[2], WALLGREN[3], HOGEMAN[4] referiert. In Deutschland wird das Präparat vom Bastian-Werk, München, unter dem Namen *Nobecutan* hergestellt. Es ist von SCHNEIDER u. WAGNER[5] günstig beurteilt.

Umschlagpasten

Als bekannteste Umschlagpaste kann wohl die Pasta Boli glycerinata gewertet werden. Ihre Eigenschaften sind im hohen Grade von der Qualität des Bolus abhängig. Sein Aufsaugevermögen und der Sättigungsgrad geben den Ausschlag. MÜHLEMANN u. VEGEZZI[6] bringen Vorschläge zu seiner Normierung und eine Darstellungsvorschrift:

> **Rp.:** Bolus alba VI 500,0
> Glycerin qu. sat. . . . .
> Oleum menthae gtts . . . . . . x.
> Methyl salicyl. . . . . 2.

Als günstigster Glyceringehalt erwies sich im allgemeinen 50%. Bolus besteht aus hexagonalen Kristallen. Ihre Art und Größe ist unterschiedlich, so daß die Differenzen in der Ad- und Absorptionskraft erklärt werden können. Die Autoren geben Prüfungsvorschriften an und weisen darauf hin, daß Kaolin und Bolus identisch seien.

Gewerbeschutzsalben

Allgemeines

JÄGER hatte in seinem Beitrag die Aufgaben der Gewerbeschutzsalben umrissen und ging vorwiegend auf seine eigenen Arbeiten, die das Hautrelief und seine Darstellung behandelten, ein. Er wies auf die Hautrauhung als Eintrittspforte für die Noxen im Industriebetrieb hin und betont die Wichtigkeit der Pflege im Sinne einer Prophylaxe.

[1] ELLERKER: Lancet 1955, 6856, 200.
[2] EKENGREN: Nordisk Medicin 1954, 25.
[3] WALLGREN: Ann. Chir. et Gyn. Fenniae 43, 4 (1954).
[4] OLAV, B., u. K. E. HOGEMAN: Transactions Meeting, Northern Surg. Ass. Gotenburg 1953.
[5] SCHNEIDER u. WAGNER: Berufsdermatosen 4, 2 (1956).
[6] MÜHLEMANN u. VEGEZZI: Pharm. Acta Helvet 29, 23, 71, 111, 122. 150 (1954).

Mittlerweile hat sich die Gewerbehygiene einen festen Platz erobert und zahlreiche Autoren beschäftigten sich mit der Prüfung und Ausarbeitung der Gewerbeschutzsalben. Die Initiative ging von der Dermatologie, der Kosmetik und von der Physiologie aus.

Es seien zunächst die Untersuchungen SZAKALLS u. Mitarb.[1,2] referiert. Er ist durch seine schon erwähnte Methode in der Lage, die Epidermis des lebenden Menschen in einzelne Zellagen parallel zur Hautoberfläche aufzublättern. Er nimmt einen Cellophanstreifen, der mit einem Klebestoff versehen ist (Tesafilm, Beiersdorf) und legt ihn auf eine beliebig gewählte und markierte Hautpartie von etwa 10 cm² Fläche.

Bei raschem Abziehen bleibt in der Klebemasse eine Zellage der Hornschicht kompakt zurück. Die Maßnahme kann an derselben Stelle mehrmals wiederholt werden, bis punktförmige Blutungen im Beginn der Papillärschicht auftreten, eine Erscheinung, die 15—20 Abrisse tief eintritt. Die einzelnen Schichten können nun mikrochemisch aufgearbeitet werden und es gelang nachzuweisen, daß in normal verhornten Keratinschichten aktive SH-Gruppen in einer faserartig gebauten Zellschicht vorhanden sind. In ihr und nicht an der Hautoberfläche ist der Ort der größten Säuerung. Seifenwaschungen beeinflussen vorübergehend die Oberfläche der Haut, nicht aber tiefere Schichten.

Die Arbeit zeigt einen Weg, der zu einer auf physiologischen Gesichtspunkten basierenden Kosmetik und Gewerbehygiene weiterführen könnte.

Die von CZETSCH-LINDENWALD[3] beschriebenen *Modellversuche* in Filterglocken wurden in den letzten Jahren von SCHWARZKOPF u. ROHN[4] nachgeprüft und bewährten sich auch weiter, um im voraus zwar filmbildende, aber ungeeignete Salben auszuschalten. Eine Papiermembran wird mit der zu prüfenden Salbe bestrichen und ihre Widerstandsfähigkeit gegen Lösungsmittel getestet.

Damit können natürlich nur Vorversuche angestellt werden. Es müssen Proben an der Haut folgen. Hierzu kann die Methode zur *Prüfung von Gewerbeschutzsalben* nach CARRIÈ u. LOTZ[5] sowie CARRIÈ[6,7] dienen. Die Verfasser tragen die Salben messerrückendick auf die Rückenhaut auf, lassen sie 10 min lang liegen und wischen sie dann vorsichtig mit Zellstoffwatte ab. Darauf werden dann Läppchen mit Testsubstanzen aufgelegt und 24 Std lang liegen gelassen. Die positive Reaktion gegenüber den Kontrollen wird gewertet. Ist die Reaktion z. B. am Kontrollpunkt und auf der Prüfstelle gleich

---

[1] NEUHAUS u. SZAKALL: Fette u. Seifen **3**, 171 (1950); **53**, 284 (1951).
[2] SZAKALL: Fette u. Seifen **53**, 7, 399 (1951).
[3] CZETSCH-LINDENWALD: Fette u. Seifen **53**, 10 (1951). — Ärztl. Nachrichten der Austria Pan-Chemie, 1953.
[4] SCHWARZKOPF u. ROHN: Pharmazin **9**, 5, 405 (1954).
[5] CARRIÈ u. LOTZ: Dermat. Wschr. **1952**, 36.
[6] CARRIÈ: Vortr. auf der DGF-Tagung 1953. Hautarzt **6**, 8, 363 (1955).
[7] CARRIÈ: Dermat. Wschr. **1952**, 855. — Fette u. Seifen **32**, 1, 32 (1954).

stark, so ist auf Unwirksamkeit zu schließen. Man erhält z. B. folgende Tabelle:

Schutzmittel	positiver Effekt davon () besonders gut	Effekt = 0	negativer Effekt
1. Vaselin	8 (1)	14	3
1. Eucerin	19 (1)	2	4
3. Lanettewachs	19 (3)	5	1
4. Präparat I	15 (1)	7	3
5. Präparat II	15 (1)	8	2
6. Präparat III	17 (1)	6	2
7. Präparat IV	8 (1)	12	5
8. Präparat V	9 (1)	11	5
9. Präparat VI	17 (1)	5	3
10. Präparat VII	11 (1)	8	6

Die Methode ist *mit* anderen brauchbar zur Beurteilung. Es ist aber falsch, sie als einzige Wertung gelten zu lassen. CARRIÈ fordert daher eine Bekanntgabe der Inhaltsstoffe, um auch von dieser Seite Beurteilungsmöglichkeiten zu besitzen.

In der letzten Zeit wurden ferner *orientierende Untersuchungen über die Schutzwirkung* der Arbeitsschutzsalben von K. H. KÄRCHER u. SCHMIDT-LA BAUME[1] mit verschiedenen Fluorochromen unternommen, wobei sich Rhodamin B als Test für Fette, Fettlöser, Lacke, Salicylsäure für Maschinenöl, Auramin O, Acridin orange und Rivanol für Wasser, Säuren und Alkalien bewährten. Der Versuchsgang war so angeordnet, daß zunächst die Haut, meistens an den Streckseiten der Finger, mit einer Hautschutzsalbe intensiv eingerieben oder bei filmbildenden Mitteln bestrichen wurde. Die so geschütze Hand wurde in die fluorescierenden Arbeitsstoffe getaucht und intensiv bewegt. Nach Entfernung der Lösungen und der Arbeitsschutzsalben wurden Hautoberflächenaufnahmen mit einer REICHERT-Fluorescenzlampe vorgenommen. SCHMIDT LA-BAUME[2] hob hervor, daß mit dieser Methode auch bei gut eingeführten Arbeitsschutzsalben Diffusionsspuren der Arbeitsstoffe in den capillaren Räumchen der Hautoberfläche nachgewiesen werden konnten, obwohl der Schutz im allgemeinen für diese Salben als gut bezeichnet werden kann.

Für den Erfolg in der Praxis spielt sicher neben der reinen Abschirmung auch die hautpflegende Komponente der Arbeitsschutzsalbe eine große Rolle. So ergab sich, daß z. B. die glycerinhaltige Glysolid-Hautschutzsalbe im Großversuch bei Küchenpersonal eines Industriewerkes, sowie bei Formern, die mit heißem Sand und Bohröl in Kontakt kamen, recht gut beurteilt wurde, obgleich sie als Ol/Wa-Emulsion keine absolute Abschirmung gegen Wasch- und Spülmittel zeigte. Die hautpflegende Komponente des Glysolids mit ihrer günstigen Beeinflussung kleiner Rhagaden und der capillaren Räumchen bewirkte in diesen Fällen den erwünschten Hautschutz, so daß die Diffusion von Waschmitteln und Netzstoffen nicht mehr als Störungskomponente empfunden wurde.

---

[1] KÄRCHER u. SCHMIDT-LA BAUME: Frühjahrstagung der werksärztl. Arbeitstg., Mai 1955.
[2] SCHMIDT-LA BAUME: Tagung für ästhetische Medizin, Düsseldorf 1955.

Eine gute Abschirmung ergab sich bei dieser Versuchsanordnung ferner bei Quimbo und Quimbosan als Schutz gegen Maschinenöl und Kaltwellflüssigkeit, ferner bei Kerodex 10 gegen Zaponlack und Rhodamin, Kerodex 5 gegen Maschinenöl, Kerodex 1 gegen Kaltwellpräparate, Asabsalbe gegen Zaponlack und Kaltwellflüssigkeit, Arbeitsschutzsalbe fettfrei schützt gut gegen Bohröl und Phenolharz, die Schutzsalbe „fettfrei transparent" gut gegen Bohröle und Phenolharz, nicht ausreichend gegen Trichloräthylen, Chinosolcreme gut gegen Maschinenöl und Zaponlack.

W. SCHNEIDER[1] hat auf die *Bedeutung der Physiologie, Morphologie und Pathogenese* der Hautberufskrankheiten hingewiesen und dabei auf die sich vollziehenden Änderungen des Zellchemismus von der Stachelschicht zur Hornschicht aufmerksam gemacht. Durch Abnahme des Wassergehaltes der Hornschicht um etwa 70% und vor allem durch den Übergang der Sulfhydrile vom Typ des Cysteins in die organischen Poly- und Disulfide vom Typ des Cystins vollziehen sich Veränderungen, denen die Hautschutzpflege Rechnung tragen muß. Amerikanische Autoren (E. J. VAN SCOTT u. J. W. LYON[2]) konnten zeigen, daß durch moderne oberflächenaktive Stoffe wie alkalisch eingestellte Sulfonate diese Veränderungen bis zu einem gewissen Grad rückgängig gemacht werden können.

Die Keratinisation wird durch UV-Licht begünstigt, ebenso durch Schwefelverbindungen.

Für die glatte und widerstandsfähige Haut und somit für den Entquellungszustand der Hauteiweißkörper ist der Säure- und Fettmantel der Haut bedeutungsvoll. Die *Lipide der Haut* setzen sich aus 4 wesentlichen Bestandteilen zusammen: aus den Neutralfetten, also den Glyceriden; freien Fettsäuren; Cholesterin, Cholesterinestern; Phosphatiden, wie Lecithin und Kephalin.

Die Phosphatide sind ausgesprochen hydrophil und regeln trotz der hydrophoben Glyceride den Wasserhaushalt der Haut. Der sogenannte Fettmantel ist also relativ hydrophil und stellt keinen Schutz gegen Benetzung dar. Dadurch ist es erklärlich, daß die Haut durch häufiges Waschen trocken und rissig werden kann. Auch die fettige Haut des Seborrhoikers kann besser benetzt werden als z. B. Schweißhände oder auch die Haut nach einem gewöhnlichen Bade, in dem die benetzungsfördernden Faktoren entfernt wurden. SCHNEIDER u. NÜSSLEIN[3] haben Versuche zur Entschärfung von oberflächenhochaktiven Waschmitteln durch zusätzliche Verwendung von Phosphorsäureestern unternommen, die ähnliche chemisch-physikalische Wirkungen aufweisen wie das natürliche aber unbeständige Lecithin.

Eine wesentliche Rolle für die Wasseraufnahmefähigkeit spielen auch die Oxyfettsäuren, die neuerdings auch in Salben und Cremes therapeutisch ausgenutzt werden (z. B. in der Phämosanseife). Untersuchungen über Schutzstoffe und überfettete Seifen wurden kürzlich von GREITHER[4]

---

[1] SCHNEIDER, W.: Hautarzt 5, 29 (1954).
[2] SCOTT, E. J. u. I. W. LYON: Zbl. Hautkrkh. 88, 204 (1954).
[3] SCHNEIDER u. NÜSSLEIN: Umschau 51, 97—100 (1951).
[4] GREITHER: Berufsdermatosen 3, 14—22 (1955).

durchgeführt. Bei der Beurteilung der Ekzemgruppe ist die Einteilung
nach GOTTRON in das Eczema vulgare, das endogene Ekzem und das
seborrhoische Ekzem empfehlenswert. Das Eczema vulgare ist durch das
Status punctosus charakterisiert, die punktförmige Anordnung der
Bläschen und Krusten, während das endogene Ekzem als eine Reaktionsform, die an die Gesamtperson gebunden ist, mit der Möglichkeit endo-
gener Auslösung bezeichnet wird. In der Anamnese sind Milchschorf oder
exsudative Diathese vorhanden. Das seborrhoische Ekzem ist durch
typische nasolabiale Lokalisation leicht zu erkennen. Neben diesen Krank-
heitsformen stellt die Kontaktdermatitis als lokale Reaktionsform nach
Kontakt mit bestimmten Reizstoffen ein besonderes Krankheitsbild dar.
    Für die Pathogenese der Gewerbedermatose spielt die Summations-
und Kombinationswirkung eine wichtige Rolle. So können Strahlen-
wirkungen oder bestimmte Berufsallergene das Krankheitsbild auslösen,
wenn bereits eine andere Noxe vorlag. Als Beispiel der Summations-
wirkung führt SCHNEIDER[1] Waschversuche an, die zeigten, daß Waschmittel aus Soda und Wasserglas für sich allein zunächst keine Hautreiz-
wirkung erzeugen. Diese entstehen jedoch, sobald waschaktive Substanz
hinzukommt. Als Kombinationswirkung können auch endogene Faktoren, wie die Phase der prämenstruellen Hyperämie oder auch das Vorliegen einer seborrhoischen Hautkonstitution oder Ichthyosis vulgaris in
Frage kommen. Wichtig für die werksärztliche Betreuung bleibt auf der
einen Seite die analysierende Betrachtungsweise und die Einbeziehung
der Individualpathologie im Sinne GOTTRONS. Besonders gefährdet sind
Arbeiten mit exquisiten Fettlösern und grobe Verschmutzungen in Verbindung mit Ölen und Scheuermitteln, sowie das feuchte alkalische
Arbeitsmilieu, das häufig noch durch Bakterien gefährdet ist. Die Berufs-
schäden, die das feuchte Arbeitsmilieu zur Folge hat, hat JÄGER besonders untersucht. In diesen Fällen könnten stark ionogene Waschmittel
empfohlen werden und Hautschutzsalben, die durch ihren Gehalt an
hydrophilen Oxyfettsäuren die Austrocknung verhindern.
    Besonders zahlreich sind Hautschäden durch das alkalische Arbeits-
milieu in Zement- und Kalkfabriken, Gerbereien, Textilindustrien sowie
Soda- und Düngemittelwerken. Zur nachträglichen Neutralisation empfehlen KLAUDER u. GROSS[2] den Gebrauch von Pufferlösungen oder eine
30%ige Natriumbisulfitlösung. Auch Eucerin p_H 5, sowie ein Milchsäure-
lactatpuffergemisch hat sich bewährt.
    In Betrieben mit Öl- und Lackverschmutzungen sind nach der gewöhn-
lichen Reinigung mit Seife Ölreste auf der Haut kaum zu entfernen. In
diesen Fällen hat sich ein von ZEGLIO[3] empfohlenes Hautreinigungs-
mittel, das 50% Seifenpulver, 42% Sägemehl, 2% Borax und 6% Na-
triumpyrophosphat enthält, bewährt. In Deutschland ist die Luo-Paste
in dieser Hinsicht gut eingeführt.
    Schließlich muß noch auf die *Bedeutung der Bakterienverunreinigung
der Haut* bei Berufskrankheiten hingewiesen werden. Zur Bekämpfung

---

[1] SCHNEIDER: Therapiewoche **2**, 416—418 (1952).
[2] KLAUDER u. GROSS: s. Industr. Med. a. Surg. **24**, 13—22 (1955).
[3] ZEGLIO: Zbl. Hautkrkh. **79**, 257 (1952).

bakterieller Hautschäden sind zwei Wege gangbar, einmal die primäre Desinfektion der Werkstoffe und andererseits bactericide oder fungizide Zusätze zu Seifen. Dabei kommen nur sogenannte „seifenfeste Stoffe" in Frage, wobei der Kontakt von anionenaktiven Waschmitteln mit kationaktiven Desinfektionsmitteln zu vermeiden ist. Der Zusatz von Penicillin ist wegen der Sensibilisierungsgefahr abzulehnen. RAYKA[1] konnte experimentell zeigen, daß die Entstehung der Öl-Acne durch sinnvolle betriebliche Hautreinigung vermieden werden kann.

Eine *Rückfettung* mit Wa/Ol-Emulsionen kann in bestimmten Betrieben Gutes leisten, ebenso wie die *Hautpflege* mit Glysolidschutzsalbe. In diesem Zusammenhang sollen jedoch die Silikon-Hautschutzsalben erwähnt werden, die für viele Werkstoffe einen guten Schutz bieten. Kompliziert wird die Behandlung Werksangehöriger oft durch die Hyperhidrosis, gegen die lokal formaldehydhaltige Präparate und Aluminiumverbindungen empfohlen werden. Dabei muß aber die Sensibilisierungsmöglichkeit gegen Formaldehyd beachtet werden.

In diesem Zusammenhang sei das Hexamethylentetramin erwähnt, das nur in dem Maße freies Formaldehyd abgibt, als saurer Schweiß tatsächlich vorhanden ist (Hydroderm und Antihydral haben sich in gleichem Sinne bewährt).

Auch die Lichteinwirkung kann einen entscheidenden Summationsreiz geben. Für die Praxis wird es darauf ankommen, die erythemerzeugenden hyperämisierenden Strahlen auszuschalten und die Pigmentbildung anzuregen.

HADERT[2] weist in einem Aufsatz über Hautschutzsalben auf die Wichtigkeit hin, die Haut bei Arbeiten in bestimmten Industriezweigen mit reizauslösenden Substanzen durch Gewerbeschutzsalben, für die wir aus dem Englischen den Namen „Barrière-Cremes" übernahmen, systematisch zu schützen. Bei der Vielseitigkeit der in Frage kommenden Industriezweige und der hautschädigenden Noxen wie Kaltdauerwellpräparaten, Bohr- und Kühlmitteln kann es kein Universalmittel geben, sondern die *Schutzmaßnahmen* müssen auf bestimmte Industriezweige und Anwendungsgebiete abgestimmt sein. Dabei sind zwei bekannte Wege möglich, einmal hautschädigende Stoffe durch Abstoßung fern zu halten und ferner die schädigende Wirkung beim Auftreffen auf der Haut aufzuheben. Derartige Hautschutzsalben sollen sich möglichst leicht auftragen lassen, sie müssen während der Arbeit wie ein nicht hindernder dünner Handschuh haften, sollen sich nicht abreiben oder auf die bearbeitenden Gegenstände übertragen werden. Der Schutzstoff darf auf der Haut auch nicht so isolierend sein, daß er als Wärmeisolator wirkt oder zu Störungen des osmotischen Druckgleichgewichtes führt. Die Hautschutzsalbe darf ferner nicht reizen, austrocknen oder abblättern und muß in der Substanz, gegen die sie eingesetzt wird, unlöslich sein. Schließlich muß nach Beendigung des Arbeitsprozesses auch die Entfernung der Hautschutzsalbe leicht durchführbar sein. In der Praxis lassen sich diese Postulate

[1] RAYKA: Zbl. Hautkrkh. **92**, 318 (1955).
[2] HADERT, H.: Seifen, Öle, Fette, Wachse **26**, 708 (1954).

nicht alle vereinigen, doch sollte versucht werden, diesen Forderungen möglichst nahe zu kommen.

Die beruflichen Noxen kann man in *zwei Gruppen* einteilen, wobei nach H. W. Schmidt[1] die eine Gruppe organische Lösungsmittel, wie Benzin, Benzol, Äther, Alkohol, Terpentinöl, Teer und Lacke umfaßt.

Zur zweiten Gruppe gehören die Säuren, Alkalien, staubförmigen Produkte, wie Mehl, Zement, Waschmittel und Bleichpulver. Von der ersten Gruppe erweisen sich Alkohol, Äther usw. als weniger gefährlich. Dagegen geben die Lösungsmittel Benzin, Benzol, Toluol, Xylol usw. häufig zu Reizungen Anlaß, nicht nur durch den typischen Fettentzug, sondern auch durch gewisse toxische Eigenschaften. Die Säuren und besonders die Alkalien bewirken nicht nur eine Entfettung der Haut, sondern auch eine Quellung und Zerstörung des Hautschutzmantels. Dadurch sind die Bedingungen für eine sekundäre Infektion gegeben, feinste Fremdkörper können in die Haut eindringen und die Talgdrüsenausführungsgänge werden verstopft. Sekundäre Infektionen, Acne und Pyodermien können folgen.

Die positive *Prophylaxe* gegen die verschiedenen Noxen kann durch fettfreie Salbengrundlagen gegen Lösungsmittel und fettreiche gegen Wasser, wäßrige Lösungen, Säuren, Alkalien, Wasch- und Bleichmittel, staubförmige Produkte usw. erreicht werden. Bei der Prüfung der Anfälligkeit gegen Lacke, Farben und Waschmittel durch Läppchenprobe auf die gesunde Haut des Rückens erwies sich ein Waschmittel aus Hydroterpin und Testbenzin als besonders schädlich, sowie ein anderes aus Äthylalkohol, Essigsäure und Toluol. Eine Abhängigkeit von der Konstitution konnte nicht nachgewiesen werden.

Als Schutz gegen Lacke nennt Hadert[2] ein amerikanisches Patent (USA-Patent Nr. 2021131) der Mountain Varnish & Colorworks:

Rp.: Citronensäure . . . . 1 T.
Natronwasserglas . . . . 906 „
Glycerin . . . . 1155 „
Natriumstearat . . . . 288 „
Wasser . . . . 1600 „

Eine wasserlösliche, jedoch gegen Firnisse, Lacke und Mineralöle schützende Hautschutzcreme besteht nach Parisi[3] aus folgenden Bestandteilen, die wir aus der Literatur anführen, obwohl zumindest der hohe Benzolgehalt diskutabel erscheint:

Rp.: Weichvaseline . . . . 7,4 T.
Äthylcellulose . . . . 1,5 „
Mastix . . . . 2,2 „
Ricinusöl . . . . 0,5 „
Benzol oder Aceton . . . . . . 34,1 „

oder

Rp.: Natriumalginat (z. B. Manucol T,
Cohäsal, Protal) . . . . . . 18,4 T.
Glycerin . . . . 1,7 „
Titandioxyd . . . . 1,1 „
Wasser . . . . 33,1 „

---

[1] Schmidt, H. W.: Seifen, Öle, Fette, Wachse **1953**, 497.
[2] Hadert, H.: Seifen, Öle, Fette, Wachse **26**, 708 (1954).
[3] Parisi: Bull. Chimico Farm. **1949**, 84.

Eine Hautschutzcreme gegen *Öle, Fette, Kohlenwasserstoffe,* trockene und angeriebene Farben hat nach einem italienischen Patent (Ital. Patent Nr. 469137) der Firma F. Bevilacqua und M. Porro, folgende Zusammensetzung:

Rp.: Stearin . . . . 10,0 T.
Lanolin oder Bienenwachs . . . 1,5 „
Glycerin . . . . 5,0 „
Casein . . . . 0,3 „
Ammoniumhydroxyd . . . . . . 0,5 „
Wasser . . . . 35,0 „

Farb- und Duftstoffe können zugesetzt werden, auch ist es möglich, das Casein teilweise durch eine Neutralseife zu ersetzen.

Als *Schutzsalbe gegen Öle* eignet sich die bekannte Vanishing-Creme, wenn der Angriff nicht zu stark ist. Sonst verwendet man *meist wasserlösliche Cremes* aus Polyäthylenglykolen, Polyvinylalkoholen, Alginaten, Cellulosederivaten usw., die auch gleichzeitig gegen Lösungsmittel schützen. Eine Zusammensetzung nach HADERT[1] ist folgende:

Rp.: Methylcellulose (Tylose) . . . . 5—10 T.
Wasser . . . . 25 „
Paraffinöl . . . . 25 „
Glycerin . . . . 25 „

Zusätze von aktiven Substanzen, einschließlich der Desinfektionsmittel machen die Gewerbeschutzsalbe zum Therapeuticum. Dadurch wird die Zahl der Rezepte natürlich sehr vermehrt. Derartige Barrière-Cremes gehören aber nicht mehr in diesen Abschnitt.

Als Kuriosum sei noch eine Salbe mit Gummi arabicum erwähnt, der Gummi ist zweifellos ein gut haftender Emulgator, doch lassen sich seine klebenden Eigenschaften nicht ausschalten. Eingehend hat sich auch SCHMALFUSS[2] mit dem Thema Gewerbeschutzsalben beschäftigt. Ihm bewährten sich am besten Salben mit folgender Zusammensetzung:

Rp.: I 8 % Tegin   Rp.: II 8 % Lanettewachs
8 % Tegin P   8 % Lanettewachs SKN
5 % Wollfett   5 % Wollfett
8 % Glycerin   8 % Glycerin
70,8% Wasser   70,0% Wasser
0,2% Nipasol-Natrium   0,2% Nipasol-Natrium

HADERT[3] betont insbesondere auch die Eignung der Carbowachse als Basen für Hautschutzsalben gegen Lösungsmittel. Die Zufügung von Adipinsäureestern verbessert sie noch. Erinnert sei daran, daß diese letztere Komponente bereits im letzten Krieg von einem von uns empfohlen wurde und die abschirmende Komponente des *Blanconin* (C. Blanc, Bonn) war und heute in der *Kamp-Salbe Nr. 16* enthalten ist.

Weitere Rezepte für Hautschutzsalben für spezielle Zwecke entnehmen wir gleichfalls den Arbeiten HADERTS.

[1] HADERT, H.: Seifen, Öle, Fette, Wachse **26**, 708 (1954).
[2] SCHMALFUSS: Fette u. Seifen **47**, 2 (1940).
[3] HADERT: Seifen, Öle, Fette, Wachse **81**, 1, 1 (1955).

Gegen Säuren:

Rp.: Lanettewachs SX 8   T.
Bienenwachs 1   ,,
Weißöl 1   ,,
Kaolin . . . . 0,5 ,,
Borax . . . . 0,01 ,,
Wasser . . . . 89 ,,

Gegen Holzbeizen:

Rp.: Hartparaffin . . . . 50 T.
Adeps lanae anhydr. . . . . . 60 ,,
Vaselin fl. . . . . 400 ,,
Erdnußöl . . . . 200 ,,
Bienenwachs . . . . 100 ,,
Colophonium . . . . 40 ,, (kann als
Allergen wirken)
Borax . . . . 1 ,,
Wasser . . . . 140 ,,

Gegen Trinitrotoluol:

Empfohlen wird eine Creme aus Casein und Kaolin. Fette und Öle sind
unverwendbar, da sie mit der Noxe explosive Mischungen bilden können.
Die Bestandteile der an Füllmitteln sehr reichen Salbe sind folgende:

Rp.: Stearinsäure . . . . 90 T.
Borsäure . . . . 1125 ,,
Traganth . . . . 0,9 ,,
Alkohol . . . . 5,6 ,,
Casein . . . . 18 ,,
Natrium-Alginat (3%ig) . . . . . 11,2 ,,
Kaolin . . . . 90 ,,
Wasser . . . . 285 ,,

Gegen Formaldehyd wird neuerlich eine Mischung von 10 T. Harnstoff
und bzw. in 90 T. Wollfett empfohlen.

Gegen Chlornaphthalin:

Rp.: Diglykolmonoäthyläther . . . . 70 T.
Triäthanolamin . . . . 10 ,,
Natrium-Sulfonat . . . . . . 20 ,,

Als Hautschutzsalbe wird auch die Camraild Barrière-Creme empfohlen, wir möchten sie eine Pflegesalbe mit bescheidener Wirkung nennen.

Rp.: Paraffin . . . . 20 T.
Vaselin . . . . 40 ,,
Lanettewachs SX . . . . . . 10 ,,

Das britische Codex Revision Committee hat die folgenden vier Formeln für Barrière-Cremes ausgearbeitet und vorgeschlagen, sie in den
British Pharmaceutical Codex aufzunehmen:

1. Staub-Barrière:

Casein 3
Natriumalginat 2
Glycerin 6
Stearinsäure 10
Triäthanolamin 1,55
Chlorkresol 0,2
Phenol 0,5
Aqua dest. . . . . ad 100,0

2. Wasser-Barrière:

Hartparaffin 25
Weichparaffin 1,75
Paraffinöl 3,5
Cetylstearylalkohol 5,0
Triäthanolamin 0,7
Stearinsäure 1,8
Chlorkresol 0,2
Aqua dest. . . . . ad 100,0

3. Öl- und Lösungsmittel-Barrière:

Kaolin (sterilisiert) 20
Bentonit 3
Harte Seife (pulvrisiert) 12
Glycerin 6
Stearinsäure 2
Natriumchlorid 1
Chlorkresol 0,2
Phenol 0,5
Aqua dest. . . . . ad 100,0

4. Haut-Regeneriercreme:

Glycerinmonostearat 10
Glycerin 6
Triäthanolaminrizinoleat 1
Wollalkohole 6
Chlorkresol 0,2
Oleylalkohol 3
Aqua dest. . . . . ad 100,0

Zu den beschriebenen Cremen kann noch ein Parfumöl hinzugefügt werden.

Nun zu den *Industriepräparaten:*

Dulgon-Creme (Benkiser) besteht aus einer schwach sauren Grundlage (Ol/Wa-Emulsion), der Dulgon — eine Kombination höherpolymerer Natriumphosphate — beigegeben ist. Sie eignet sich zur Pflege beanspruchter Haut. In der Arbeitsmedizin werden, besonders bei gleichzeitiger Anwendung von *Dulgon-Seife,* gute Schutzwirkungen gegen schädigende Arbeitssubstanzen erzielt.

Glysolid-Hautschutzsalbe von Gustav Snoek wird gegen Fette, Lösungsmittel, Waschmittelallergie und als hautpflegend empfohlen. Enthält etwa 40% Glycerin in einer W/O-Emulsion.

Proventol-Hautschutzsalben bei nassen, staubigen und giftigen Arbeiten.

Hautschutzsalbe FFW 102 (Hersteller: Fewa) stark fettend bei besonderer physikalischer und mechanischer Beanspruchung, Schutz gegen Mörtel, Zement, Karbidstaub, Ruß, sowie Säuren und Laugen.

Hautschutzsalbe BFG 86 (Hersteller: Imhausen) halbfettend gegen organische Lösungsmittel in der Leder-, Textilindustrie, Druckgewerbe und Lackieranstalten.

Silikoderm (Bayer) stellt eine silikonhaltige, paraffin- und fettfreie Wa/Ol-Emulsion dar, die einen Schutz gegen verschiedenste Flüssigkeiten, wie Wasser, wäßrige Lösungen und Öle, aber auch gegen feste staubförmige Substanzen erzeugt. Die Salbe wurde bisher in der Metall-, Leder-, Tabak- und chemischen Industrie eingesetzt und bewährte sich gegen Metallstaub, Rostschutzmittel, Leichtöle, Bohr- und Schneideöle, Salpeter, Schwefelsäure und gelöschten Kalk. Auch gegen die sogenannte Zementkrätze, als deren Ursache heute das Chrom gilt, soll sie einen Schutz verleihen.

Vasal-Paste (Vasenolwerk) besteht aus hochschmelzenden Wachsen, Talkum, Zinkoxyd oder Titandioxyd und hat sich gegen Lösungsmittel als Gewerbeschutzsalbe als gut resistent erwiesen (FIEDLER[1]).

Arretil O und Arretil S (Stockhausen) sind zwei Gewerbeschutzsalben gegen Lösungsmittel, bzw. Laugen und Säuren, HOSCHECK[2] berichtet eingehend über gute Erfahrungen.

Weiterhin wird von der Firma Stockhausen *Arretil K* als spezielle Hautschutzsalbe für Friseure, bei Arbeiten mit Alkalieeinwirkung, insbesondere Kaltwellpräparate herausgebracht. *Arretil N* mit Silikon wird als Schutz gegen Säuren und Laugen bezeichnet, *Arretil R* als spezielle Hautschutzsalbe gegen organische Lösungsmittel und zur Abdeckung der Haut gegen Lackfarben. Bei unseren fluorescenz-photographischen Untersuchungen der Schutzwirkung dieser Salben konnte jedoch nur eine teilweise Abschirmung gegen die genannten Arbeitsstoffe festgestellt werden.

Die Deutschen Milchwerke in Zwingenberg/Bergstr. bringen 3 Hautschutzsalben in den Handel, 1. Schutzsalbe fettfrei gegen Fette, Lösungsmittel, Lacke, Teer und Bohröl, 2. Schutzsalbe fetthaltig gegen Säuren, Alkalien und Waschmittel, 3. Spezialschutzsalbe gegen formaldehydhaltige Produkte. Als Hauptwirkstoff ist abgebautes Milcheiweiß enthalten mit dem Gedanken, das Formaldehyd durch die Bindung an das Milcheiweiß abzufangen. Bei unseren Untersuchungen mit nur fluorochromierten Arbeitsstoffen erwiesen sich die Fissan-Schutzsalben als ausreichend wirksam. *Nobecutan* (s. S. 130) wirkt auch mykocid.

Mirasol (Mack, Illertissen) ist eine Acrylharzlösung, in Äthylacetat aufgesprüht oder aufgestrichen bildet es einen Film, der gegen Lösungsmittel schützt.

FUCHS[3] ampfiehlt ein Präparat von der VEB Fettchemie und Fewa-Werk, Karl-Marx-Stadt, Aquatect, das besonders Arbeitsnoxen im Bergbau und Verschmutzung der Haut fernhält, sowie ein Präparat Solvatect,

---

[1] FIEDLER: Wiss. Ber. der Vasenolwerke 1, 1950.
[2] HOSCHEK: Zbl. Arbeitsmed. u. Arbeitsschutz 1, 1 (1951).
[3] F. FUCHS: Derm. Wschr. 9, 195 (1955); 42, 1102 (1955).

das gegen sämtliche organische Lösungsmittel schützen soll, sofern sie
frei von wäßriger Phase sind.

Aus England kommt ein ganzes Repertoire. Es handelt sich um die
verschiedenen *Kerodex-Marken* der Scientific Pharmacals Ltd., London.
Kerodex BD Nr. 1—8 schützen gegen spezielle Noxen, die Marken BW 4
bis 8 sind filmbildend und gleichfalls gegen Einzelfälle anzuwenden.

Interessant sind die amerikanischen silikonhaltigen Salben. Wir bringen eine Auslese:

Name	Hersteller	Anwendung	Zusammensetzung
Silicote . . .	Silicote Corp. Osbcosc, Wiscon.	Feuchtigkeit, Indu- strie, Dermatologie	30% Silicon 3% Vaselin
Proderma . .	Westwood Pharmac., Buffalo N. Y.	Feuchtigkeit, Indu- strie, Dermatologie	52% Silicon
Covicone . .	Abott Laboratorium, Chicago	Feuchtigkeit, Indu- strie, Dermatologie	50% Silicon 25% Nitrocellulose 25% Ricinusöl

Der Überblick zeigt, wie wichtig die Gewerbehygiene geworden ist und
welche Bedeutung die Schutzsalben besitzen. Man darf nicht vergessen,
daß in Amerika durchschnittlich 1% der berufstätigen Erwachsenen von
beruflichen Hauterkrankungen betroffen sind, eine Zahl, die auf eine
niemals zuvor erreichte Höhe gestiegen ist. Es wurde festgestellt, daß der
durchschnittliche Arbeitsverlust zum Ausheilen solcher Erkrankungen
10 Wochen beträgt. Zu den Schmerzen, Unbequemlichkeiten, seelischen
Depressionen kommt auch noch die wirtschaftliche Seite: die medizinische Betreuung kostet gegen 90,— Dollar pro Jahr und Person.

Diese Erkrankungen sind nicht nur auf Industrie und Gewerbe beschränkt, sie umfassen auch das Büropersonal, die Hausfrau, die Ärzte-
schaft ist ihnen besonders ausgesetzt. In den Haushalten sind besonders
die modernen Wasch- und Reinigungsmittel eine gefürchtete Ursache
von Hauterkrankungen.

Es ergibt sich hier ein überaus interessantes Arbeitsgebiet für den
Dermatologen und geschulten Apotheker, das allerdings heute noch
manche Wünsche offen läßt.

Namenverzeichnis

Sachverzeichnis

MIX
Papier aus verantwortungsvollen Quellen
Paper from responsible sources
FSC® C105338

If you have any concerns about our products,
you can contact us on
ProductSafety@springernature.com

In case Publisher is established outside the EU,
the EU authorized representative is:
**Springer Nature Customer Service Center GmbH
Europaplatz 3, 69115 Heidelberg, Germany**

Printed by Libri Plureos GmbH
in Hamburg, Germany